上下的美学

楼梯设计的 **9** 个法则

凤凰空间·北京 译

U0283919

[日] 中山繁信、长冲 充 著

階段がわかる本

江苏凤凰科学技术出版社

前言

楼梯常被喻作人生，在许许多多的电影和电视剧里登场。励志的故事说"楼梯要一节一节地爬"，失败的故事说"一落千丈"等等。在小说和现实生活中，楼梯也经常被作为戏剧性的比喻。所以，存在于家庭用的楼梯如果只是简简单单的作为上楼、下楼而设计的通路，实在是有点可惜。上下楼梯是需要耗费体力的，正因为如此，楼梯必须被设计成一个让人心情愉悦、赏心悦目的空间。在优秀的住宅和高档的建筑物中，楼梯的设计是非常有讲究的。勒·柯布西耶（Le Corbusier）的萨伏瓦别墅的动感螺旋状楼梯和缓缓而下的斜坡，还有弗兰克·劳埃德·赖特（Frank Lloyd Wright）的落水山庄的那个面向河流，从空中直落而下的楼梯设计，都是举世闻名的成功之作。

有一个女孩，她梦想着住在自家对面丘陵上的一套美丽的住宅里。她的家在一套楼房的第一层。她憧憬着能住上一个有两层楼的房子，于是在生日的时候她让爸爸妈妈送给她一个楼梯作为生日礼物。她想如果有了楼梯，单层住宅便成为二层楼的楼房。虽然是个幼稚的小故事，但反映了当时二层楼的别墅是上流阶层、富裕家庭的象征，是一般庶民百姓的憧憬。

然而，当今社会已经发生了翻天覆地的巨大变化。今天城市集中化的结果，使每户占地面积越来越小，人们只能把住宅向高处延伸，盖成二层楼、三层楼，而平房已成为一个奢侈的概念。所以，如刚才前面所提到的，不能把楼梯仅仅认为是一个简单的上下升降通道，如何将其设计成一个舒适空间的问题日益突出。在此请读者与本书一起对楼梯进行一次探讨之旅。

4 错误的楼梯

5 楼梯的画法

6 房间格局中的楼梯

7 狭小住宅和异形平面的楼梯

8 创意楼梯

9 楼梯设计练习

1 住宅中的楼梯

　　楼梯不仅仅是连接上下层的通道。人们在上下楼以及往楼梯上方观望时，随着视线的移动，空间有时显得宽阔、有时显得窄小，呈动态性的变化。在本节，我们将从形形色色的楼梯中，感受住宅空间的变化。另外，请注意踏步的踏面、踢面、天花板的高度、休息平台等的尺寸。

1. 复式的空间配置

　　复式是指高度不同的层互相交替重叠，用楼梯连接的空间。复式的特点是，上下层空间的连续性高，以楼梯为中心的设计，可以创造出流动性的空间。特别是半层的设置，缓解上下楼梯带来的心理上的压迫感。

本图是将面前的楼梯切开一部分，往里面看去的剖面图。略微向内的楼梯平台比较宽阔，除了方便轻松上楼，还使上楼的空间得到延展。请参考下面的平面图。

楼梯部分剖面图

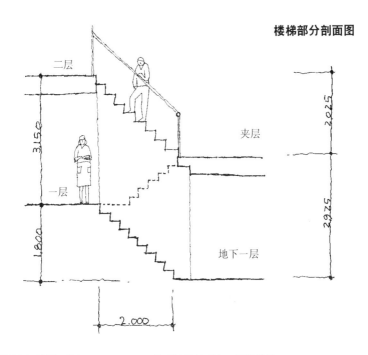

楼梯部分平面图

能看见从地下上一层的楼梯

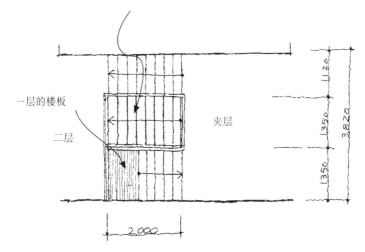

下图是整体住宅的平面图。请注意：复式平面图是以楼梯为分界线，左右的高度是不一致的。一层的平面图，楼梯左侧是一层，右侧是夹层；二层平面图，楼梯左侧是二层，右侧由于是天井，不做任何标记；地下一层的左侧是实地。

二层平面图

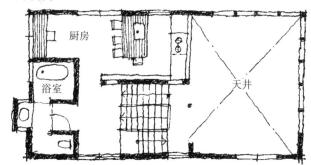

一层平面图

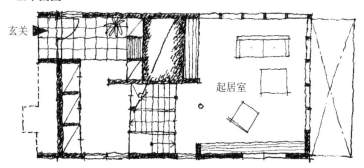

地下一层平面图

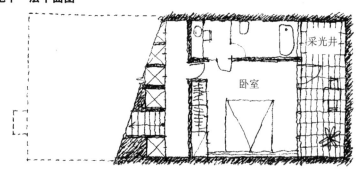

2. 楼梯平台

　　楼梯中间设置一个平台，上楼梯时可以停顿一下，也可以防止从楼梯滚落下来的时候，一下子滚落到最底层，给上下楼一个缓冲的空间。这个在楼梯中间设置的平台，称为"休息平台"。

　　休息平台并不是为了消除上下楼的恐惧心理而设置的。它的作用就像它的名字一样，是一个能够让身体稍微得到休息的空间，当然也可以把它装饰得高雅华丽，犹如一个舞台。

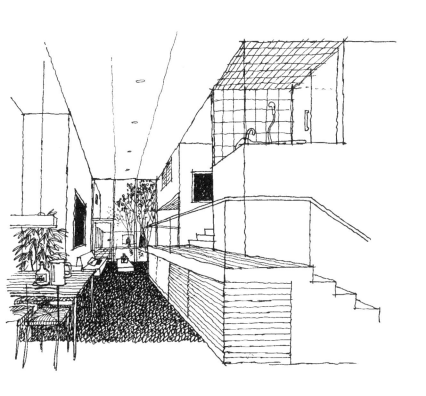

下图是楼梯部分的平面图。在这个住宅里，为了充分体现"休息平台作为一个舞台"的作用，把休息平台设计得比较宽阔，长900 mm，宽3300 mm。并为了有效利用空间，把浴室设置在中间。浴室的周围环绕着楼梯，这样既能够保证浴室空间的宽阔，还能够使楼梯在结构上安排得紧凑。除此之外，厨房与浴室相距不远的设计，满足了平面设计上的用水区域尽量整合在一起的要求。

楼梯部分平面图

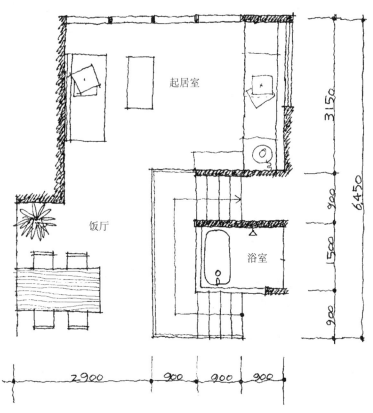

下图是楼梯部分的剖面图。从楼梯可以望见饭厅，这样设置是考虑到在上下楼的家庭成员、休息平台的家庭成员和在饭厅的家庭成员，可以目光交融，产生对话，勾画出一幅生动和谐的家庭生活画面。踏步踢面高度 180 mm，踏面宽 225 mm。半层（高 1800 mm）上来是浴室，如果想窥探浴室，人体视线要向上大幅度移动，所以很好地保护了个人的私密空间。

楼梯部分剖面图

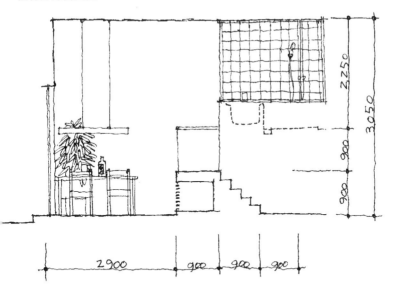

下图是住宅整体的平面图。

本住宅以楼梯为分界线，左半边和右半边的高低落差为1800 mm。左半边的起居室为公用空间，右半边的卧室为私人空间，通过楼梯的高低落差把两个区域分割开来。虽然在"一"张平面图上看上去是一个连续的空间，但实际上是在不同层面上，公用空间和私人空间是区分开的。

整体平面图

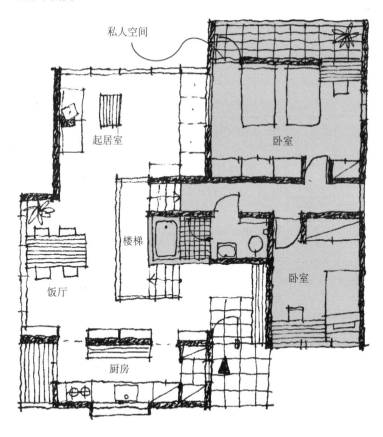

3. 环绕天井的旋转楼梯

本住宅在中央天井的周围设置了楼梯。

人们从不同高度的休息平台上通向房间。

光线从天井的天窗直射下来，面向天井的房间只要有窗户，就可以保证采光和空气的流通。

这样设计的住宅，即使位于城市中的人口密集处，也可以保证不受周围环境的影响，享受舒适空间带来的快乐。

本图是楼梯部分的剖面图。在本图中，楼梯的踏步随着楼层的升高略微发生变化。根据踏步数进行计算，从下至上，踏步高度大约为128 mm，143 mm，133 mm。

楼梯部分的剖面图

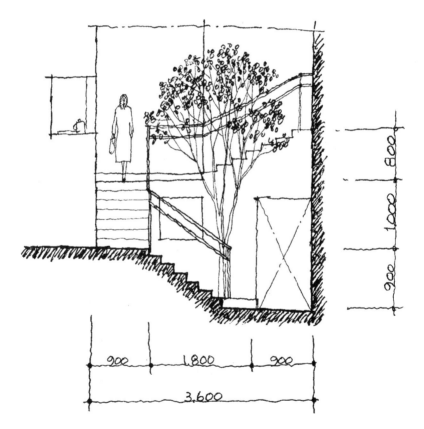

本图是楼梯部分的平面图。从中间的楼梯踏面计算，宽度为 1350 mm÷6=225 mm。请注意外围的楼梯口不是紧贴着天井的拐角，而是略微向后设置。这样可以使右侧连接楼梯口的道路变宽，从而消除心理上的不安全感。

楼梯部分平面图

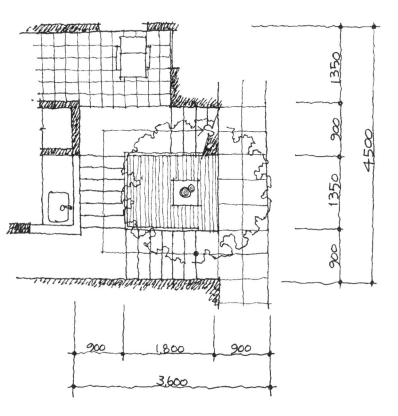

本图是二层整体平面图。从这张平面图上来看，是一个连续的空间，但实际上有高低落差，各个区域被划分。像这样通过高低落差进行区域划分，遮挡每个房间的声音和视线，既保证了空间的连续性，也保证了个人空间的私密性。

二层平面图

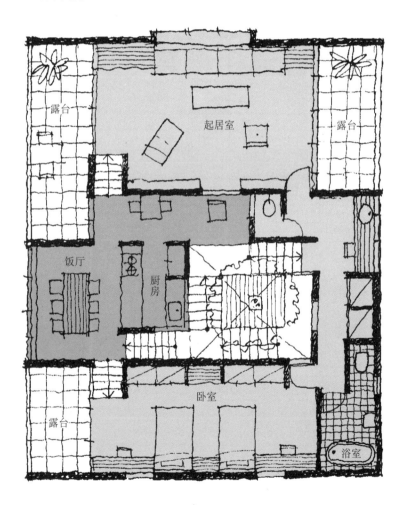

4. 缓斜面上的楼梯

　　城市里的住宅面积有限，不少住宅需要建造在斜面上。在这里，我们探讨有效利用斜面建造住宅的方法。

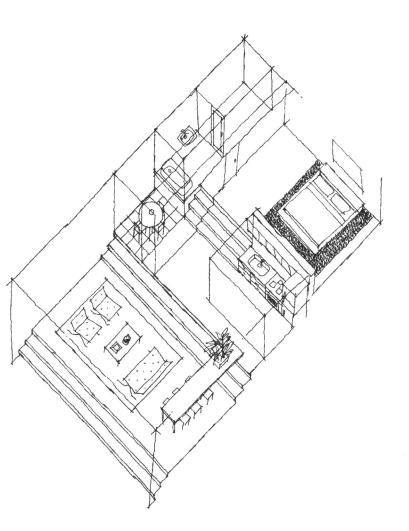

下图是前页住宅的剖面图。利用高低平面的差异有效分割
空间。平面的高低差异经过设计之后，巧妙搭建桌子或者椅子。
通过设计可以将斜面和高度不同的不足之处发展为独特之处，
建造出独一无二的住宅。

剖面图

起居室、饭厅　　　　　厨房　　　　　卧室

下图是另外一个有效利用斜面的住宅。该住宅将斜面设计成了楼梯。

剖面透视图

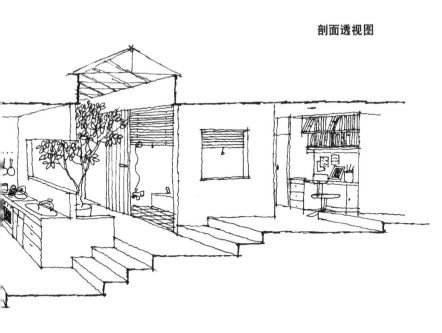

本图是前页住宅的平面图。楼梯穿插在起居室、饭厅、厨房、浴室和书房的缝隙处，平行设置，踏步高度逐层加大。从最低处的饭厅到最高处卧室，通过高低落差划分了区域，私密性得到双重保护。

平面图

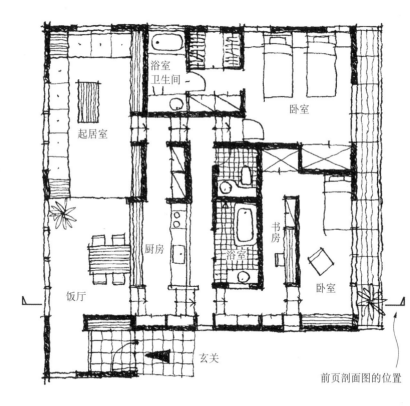

浴室
卫生间

起居室

卧室

厨房

书房

浴室

卧室

饭厅

玄关

前页剖面图的位置

在斜面上建造住宅的方法

❶ 如何在自然缓慢倾斜的斜面上
建造住宅呢？

❷ 如图所示，一般来说，把高处
的土填到低处，制造一个平地。
在平地上容易建造住宅，但同时
也存在诸如破坏自然生态环境、
回填土填出的地面不稳固以及护
墙（为了增强回填土制造的平地
的稳固性，需要用水泥制造出墙
壁加以保护）费用等问题。

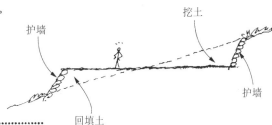

护墙

挖土

护墙

回填土

❸ 基于以上考虑，不把住宅用地
处理成平地，而是像图中所示，
把高度分摊。土地的高度差异直
接反映到住宅。并非先把住宅规
划做好，而是根据土地的走势，
建造适合该地形的住宅。

轻井泽的山庄（吉村山庄） （设计：吉村顺三，1962 年）

该住宅是建筑家吉村顺三亲自设计的，是在轻井泽建造的第二套住宅，可称为与自然环境相融合的山庄建筑的杰作。

一层是钢筋混凝土结构，在此基础上的第二层被周围郁郁葱葱的树木所包围，如同悬挂在半空中。起居室里嵌入墙壁的防雨窗、玻璃窗等，可以完全打开，展现内外部空间与自然完全融合在一起的效果。

山庄的设计以二尺（日本传统尺寸，约为 600 mm）作为基本尺。吉村认为三尺（约900 mm）是人体的基本尺度，二尺是人们对话时候的最佳单位尺寸，称为"人类关系尺度"。从玻璃窗上方便开合的扶手以及巧妙利用墙壁厚度的嵌入式搁架和可以在墙壁里面自由推拉的拉门，都可以看出设计者的独具匠心和深厚的设计功力。

三层利用一面坡的屋顶阁楼铺设了三块榻榻米，由于与二层的起居室和天井相连在一起，所以并不感觉到狭小。从这里登上梯子走到屋顶的平台上，立刻置身于四周的葱郁树木之中，宛如自己瞬间变成了鸟儿。

从三层到屋顶平台的梯子非常陡峭，所以吉村又在这里动了脑筋。将挡板倾斜嵌在6 mm 的深处，增加踏面面积，有效地防止了脚底滑落。

为了不使房间里的暖空气跑掉，一层到二层的楼梯上安装了平行滑动的隐形拉门。

正是由于山庄拥有融于自然，而且无论从功能设施上还是从居住环境舒适度上，设计者充分发挥其追求细节完美的高要求标准及高超技能，使之成为建筑史上的杰作。

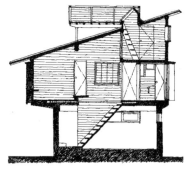

剖面图 1/200

2 楼梯的种类

楼梯不仅仅是连接上下楼层的工具，也是空间配置上很重要的组成部分。在本节中我们将学习楼梯的种类和特征。这些实例无一不是在日常生活中司空见惯的，在了解其特征以后，可以更加有效地灵活运用。在本节的后半部分，探讨在同样的空间里，楼梯的设计改变给空间带来的变化。

1. 了解楼梯的种类

❶ 直跑式楼梯

这是楼梯中最简洁的一种类型。整体形状如同一条直线，也称为单跑式楼梯。在楼梯相当长的情况下，可以在中间设置休息平台，防止跌落时直接落到最底层。楼梯坡度设计不宜过于陡峭，可以提高安全性并使上下楼省力。

模型照片

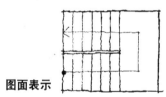

图面表示

❷ 对折楼梯

大多在中间部位有休息平台，在休息平台处改变方向。这款楼梯是住宅中比较常见的一种，但是占地面积是直跑式楼梯的1.5倍。这款楼梯有较高的安全性，跌落时不会跌落到最底层。

模型照片

图面表示

❸ 螺旋楼梯

这款楼梯的平面形状是以中间的柱子为中心，呈螺旋式上升。结构紧凑，一般使用在有创意的住宅里，是住宅里面的一个亮点。这款楼梯的中心部分和两端的踏面宽度不同，上下楼时需要加以小心。

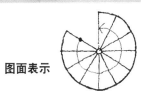

图面表示

❹ 回转楼梯

这款楼梯的休息平台部分呈扇面形状。因为占地面积不大，基本与直跑式楼梯相同，经常使用在住宅里面。这款楼梯的不足之处，在于直跑部分和回转部分的台阶踏面尺寸不同，并且行进方向有变化，这是事故发生的主要原因。

折角中心处及其附近台阶踏面变窄，尤其在计算尺寸的时候需要特别注意。（这一点在第三章讲解）

模型照片

图面表示

❺ 折角楼梯

这款楼梯的休息平台的折角处为直角，占地面积较大，如果与天井组合在一起，可以开阔视野，使空间配置发生变化。

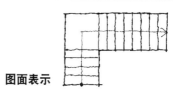

图面表示

❻ 三跑楼梯

这款楼梯的平面形状呈 U 字型，中途两处拐角处设有休息平台，两处休息平台都是直角转折。与折角楼梯相同，如果该款楼梯与天井结合使用，可以开阔视野，使空间配置多元化。利用两处休息平台的不同高度，也可以设计成为复式。

模型照片

图面表示

我们已经看了很多款式的楼梯实例了，要注意它们都是如何实现升降功能的。如果下图的灰色区域需要安装一个楼梯，右面的三款楼梯哪个最合适？正方形空间，三面被墙壁包围，正确的答案是回转楼梯（或者是对折楼梯）。

折角楼梯

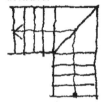

回转楼梯

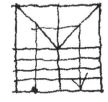

直跑 + 回转楼梯

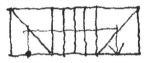

二层平面图

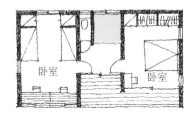

卧室　　卧室

二层平面图

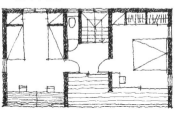

在这里安装楼梯

? 　洗手池

厨房　起居室

一层平面图　　玄关

一层平面图

2. 楼梯的印象

我们已经讲述了很多种不同式样的楼梯。本节将举例说明，起居室天井安装不同式样的楼梯以后，空间和视觉上出现的变化。

本页及下一页图的灰色区域是一个宽阔的天井，是整套住宅最重要的组成部分。二层过道区域（▼标识处）安装一个向下的楼梯，请考虑刚才讲述的几款楼梯的安装效果。

楼梯高度（一层地板到二层地板的距离）为 2700 mm。

一层平面图

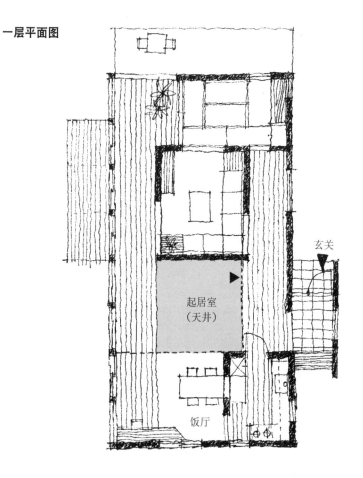

玄关

起居室
（天井）

饭厅

天井的楼梯安装

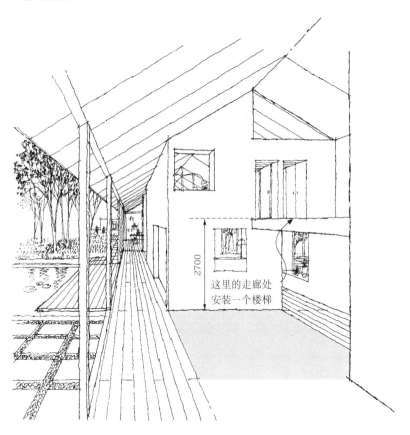

2700

这里的走廊处
安装一个楼梯

❶ 直跑式楼梯

如果安装一个与走廊平行的直跑式楼梯，那么楼梯下端与走廊连接在一起，像一个宽阔的露台。

❷ 对折楼梯

　　如果安装一个对折楼梯，那么上下楼时，从拐角处开始视线发生变化。但这款楼梯占用比较大的空间，在一间比较小的住宅里，会给人一种压迫感。

❸ 折角楼梯

这款楼梯呈 L 形，在休息平台拐 90 度折角。休息平台设置在比较低的位置上，让人感到容易攀登，沿着墙壁安装楼梯，能够缓解楼梯带来的压迫感。

❹ 螺旋楼梯

　　没有哪一款楼梯比螺旋楼梯更适合安装在天井。在上下楼的方便程度上，螺旋楼梯不如对折楼梯，但是螺旋楼梯富于变化的设计和流动的曲线带来的优美感是不言而喻的。

管野箱式住宅（设计：宫胁檀，1971 年）

管野箱式住宅是知名住宅建筑师宫胁檀先生箱式系列之中的一个作品。箱式住宅作品是在一个简单的立方体空间里，设计师把所用的住宅功能毫不浪费的全部整合进来，这种设计手法适合于城市里的住宅设计。

该住宅在混凝土制造的箱子里面，用木质结构做楼板和墙壁，是一个混合型结构。这样的结构特点，发挥了混凝土自身结实的优越性，而混凝土带给人冰冷感觉的不足之处，又通过木质结构得以缓和。容易改造和修建也是其一大特点。

宽阔的天井和复式住宅是在空间上的设计特点。从一层上几层台阶到夹层，正好来到休息平台。带有这种夹层的住宅之所以受欢迎，是因为上下层空间的整体化，从心理上给人以容易升降的感觉。

餐桌斜放在一角，这是家庭成员聚集的地方，从半层上向下俯瞰，也可以看到这个地方。在宽阔的天井中央用餐，可想而知是多么轻松愉快的一件事情。

宫胁檀先生认为，生活中最重要的事情之一莫过于烹饪和用餐，他的设计把他的思想展现得淋漓尽致。

特别是如同白色箭头的向上伸出的楼梯扶手的动感设计，增强了天井空间的宽阔感，楼梯在整个住宅设计中发挥了主导作用。

剖面图 1/200

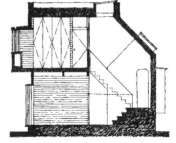

如同白色箭头的楼梯扶手（摄影：村井修）

3 楼梯的基础知识

　　楼梯是住宅中上下行走的升降通路，它的安全性至关重要。几个基础知识和基本约定必须知晓。踏面和踢面的尺寸、坡度决定了上下楼的难易程度。住宅里面的事故常常与楼梯有关。所以，为了保证设计出的楼梯的安全可靠性，本节内容必须牢牢掌握。

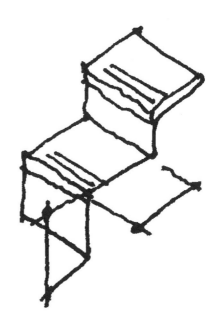

1. 楼梯各部分的名称

楼梯的各个部分都有名称。请参考示意图。右下图是踏板部分的放大图。沿墙壁的护壁板是为了防止污垢而设置的。踏步踢脚板和防滑板根据具体设计选择性配置。

楼梯各部分名称

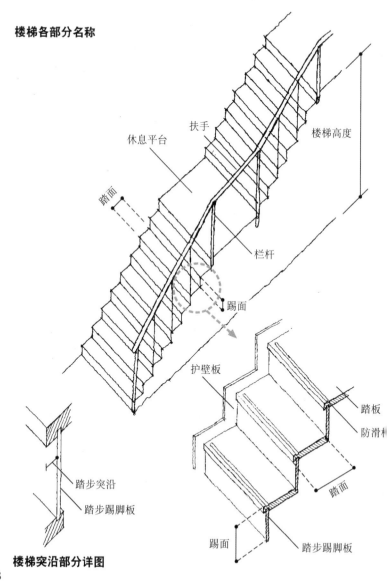

扶手

休息平台

楼梯高度

踏面

栏杆

踢面

护壁板

踏板

防滑板

踏面

踏步突沿

踏步踢脚板

踢面

踏步踢脚板

楼梯突沿部分详图

2. 楼梯的坡度

下图总结了斜面、楼梯、梯子的各个坡度。楼梯的坡度范围在 20°~55°。一般住宅中楼梯坡度通常是 40°~45°。

坡度一览表

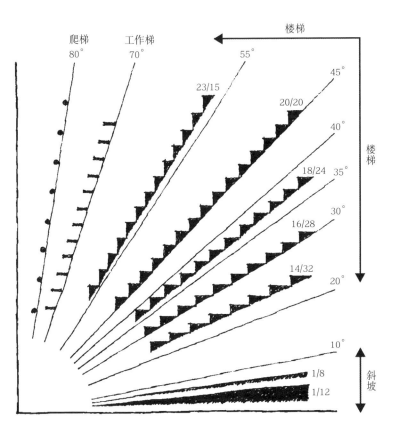

3. 楼梯的尺寸

❶ 各部分的尺寸

法律规定了公共建筑物楼梯的宽度、休息平台的宽度、踢面的高度、踏面的宽度的最小尺寸。住宅因为是个人的居所，与公共建筑物的楼梯相比，法律规定的标准要宽松得多。

❷ 扶手的设置

任何楼梯都必须安装扶手。楼梯两侧有扶手时，踏步的长度在 750 mm 以上，墙壁距离扶手 100 mm 以下。

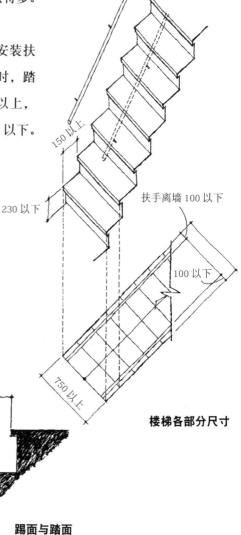

150 以上

230 以下

扶手离墙 100 以下

100 以下

750 以上

楼梯各部分尺寸

踏面的有效尺寸

踢面的有效尺寸

踢面与踏面

❸ 楼梯屋顶的高度

　　集体住宅里常见的情况是，几层楼梯重合在一起时，屋顶呈斜坡状态。下图说明了楼梯屋顶的高度。

　　一人经过时的踏步长度为 600~750 mm，二人同时通过，楼梯踏步的长度需在 1200 mm 以上。

楼梯各部分尺寸（屋顶的高度）

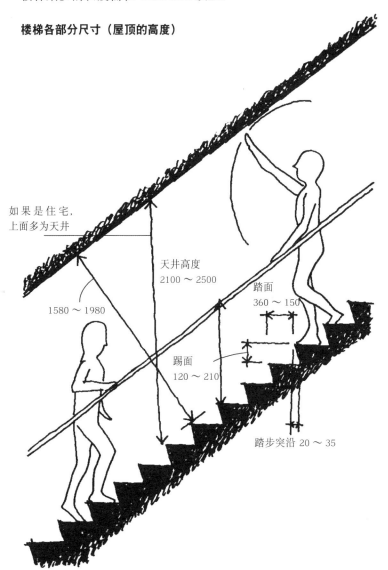

如果是住宅，上面多为天井

天井高度
2100 ～ 2500

1580 ～ 1980

踏面
360 ～ 150

踢面
120 ～ 210

踏步突沿 20 ～ 35

❹ 踢面与踏面的测量方法

有的楼梯没有踏步踢脚板，有的楼梯的踏步踢脚板向前倾斜，踏面的测量方法永远是"从正上方能看到的水平范围的尺寸"，踢面测量方法是"从正侧面看到的垂直高度的尺寸"。

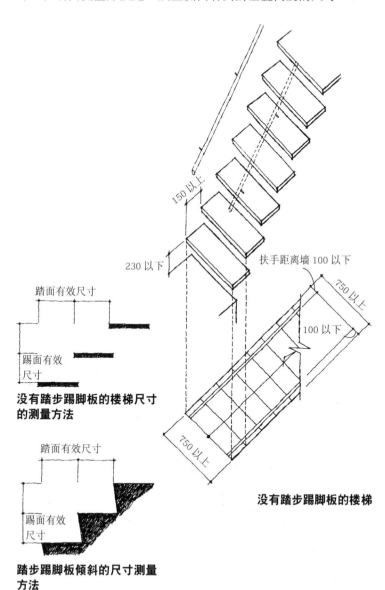

没有踏步踢脚板的楼梯尺寸的测量方法

踏步踢脚板倾斜的尺寸测量方法

没有踏步踢脚板的楼梯

❺ 回转楼梯的回转部分的踏面尺寸的测量方法

　　回转楼梯在越接近回转中心的部分踏面尺寸越窄，距离回转中心 300 mm 处踏面的最小尺寸要在 150 mm 以上。

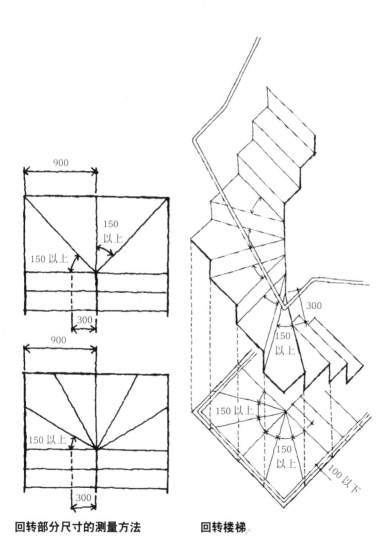

回转部分尺寸的测量方法　　　　**回转楼梯**

4. 楼梯上下行的标记

　　楼梯是连接上下楼的通路，在图面上必须要标志清楚上行、下行的方向，为此规定了标准。

　　楼梯的箭头标志的都是上行方向。虽然所有楼梯都是既可以上行也可以下行，但是箭头所指的方向都是上行方向。过去，上行下行在标志箭头的同时，还有写上"UP""DN"，在阅读早期的书的时候还是可以看到，现在已经不用这种标记方法了。

箭头总是指着上行方向

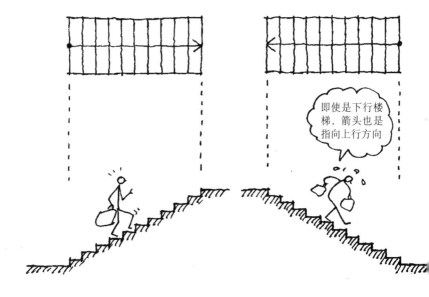

即使是下行楼梯，箭头也是指向上行方向

箭头的标示实例

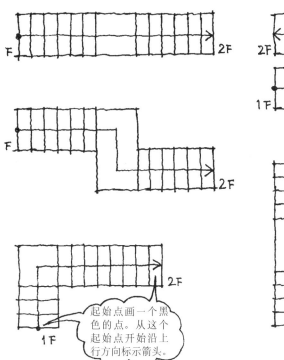

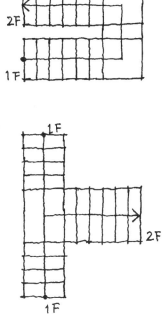

起始点画一个黑色的点。从这个起始点开始沿上行方向标示箭头。

5. 剖切线

　　画楼梯平面图的时候，一层楼梯需画剖切线。平面图要画出在某个高度（约 1500 mm）处水平切开以后的效果。这样，斜着上升的楼梯就会从中间某处切开，这些都用画剖切线作为标识记号。从第二层开始，楼梯在视线的位置以下，就不用画剖切线了。

剖切线理论

决定剖切位置

剖切口处是剖切线

水平剖切

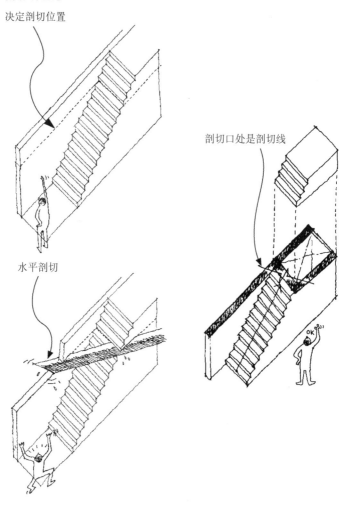

剖切线在图面上的表示方法

　　如果是两层住宅，剖切线只出现在一层的平面图上。从第二层开始可以看到楼梯，所以没有必要画剖切线。一层的平面图是从某个高度（约 1500 mm）处切开的俯视图，楼梯是从中间被切开的。如果一层的平面图的楼梯需要全部画出来的话，地下室到一层的楼梯，内外是有高度区别的。

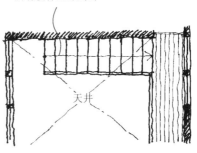

所有楼梯全部画出

天井

二层平面图

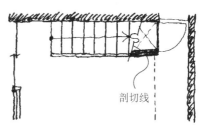

剖切线

一层平面图

剖面图

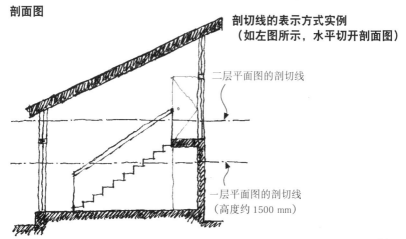

剖切线的表示方式实例
（如左图所示，水平切开剖面图）

二层平面图的剖切线

一层平面图的剖切线
（高度约 1500 mm）

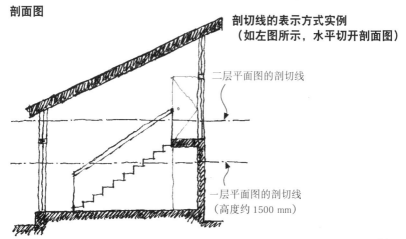

47

6.楼梯的构造

　　楼梯在人们上下楼时承载巨大重量,必须设计得结实牢固。斜梁和踏板要用楔子或者螺栓固定,否则木材在一段时间过后干燥收缩,上下楼时会发出声音。楼梯的支撑结构通常有以下几种。

❶ 斜梁楼梯

　　两侧的梁上有固定踏板和踏步踢脚板的槽,楔子打在槽里面固定。

踏步踢脚板和踏板的槽,插入楔子固定。

❷ 悬吊楼梯

　　从上方结构板材垂下来结实的绳索或钢筋,固定住踏板。有悬在半空的感觉,很难稳定。

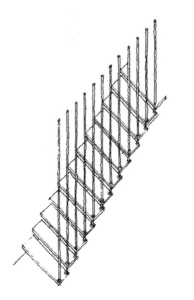

❸ 锯齿形斜梁楼梯

斜梁呈波浪形状或者锯齿形状，把踏板搭放在斜梁上。这款楼梯因斜梁的形状而得名。

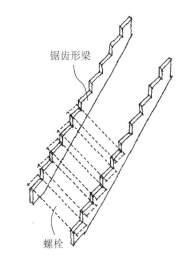

锯齿形梁

螺栓

❹ 单斜梁楼梯

一根很大的斜梁支撑整体楼梯。结构简单却结实牢固。梁与踏板必须紧紧固定在一起。

用一根很大的斜梁来支撑整体，斜梁必须粗壮

单斜梁

踏板

踏板

❺ 悬臂梯

从墙壁独立突出的踏板结构。单梁结构，墙壁必须非常结实。踏板独立，给人以轻快印象。

7. 有效利用楼梯下面的空间

❶ 用于储存东西

　　因楼梯的结构不同，楼梯下面的空间大小也会不同，楼梯下面的空间大多用于摆放东西、做橱柜等。在下图虚线的位置上做一个板，把空间分为两层。三角形或者梯形的空间，有时不能很好利用。

楼梯下面空间作为储存室

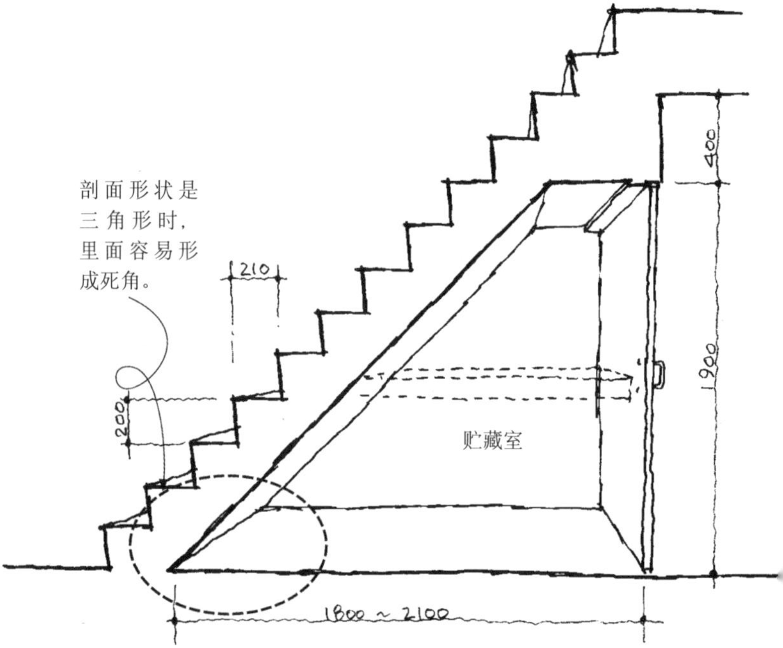

剖面形状是
三角形时,
里面容易形
成死角。

210

400

200

1900

贮藏室

1800～2100

❷ 做架子

多做几个隔断,把书和一些小物件放置在架子上。

三角形的空间还是不能很好利用。日常经常需要拿出来的东西别放在里面,这里作为一个装饰空间是很合适的。

做一个有很多隔断的架子

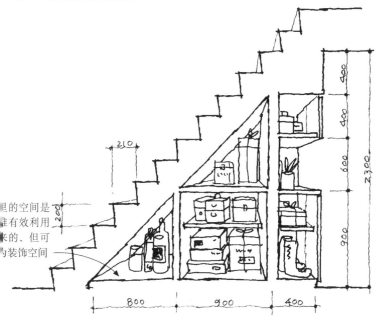

里的空间是
住有效利用
来的,但可
的装饰空间

❸ 用作卫生间

　　用来做卫生间的人不在少数，但是需要注意的是，天花板的高度，在人出入的时候不能碰着头。在本例中，天花板的高度设置为 1900 mm，因为通常住宅的单层高度为 2200~2500 mm，所以这个高度应该是可以保证的。但是，考虑到支撑二层楼板要用掉约 400 mm 的厚度（楼板和梁的厚度），单层高度通常是不可以全部被利用的。

用作卫生间

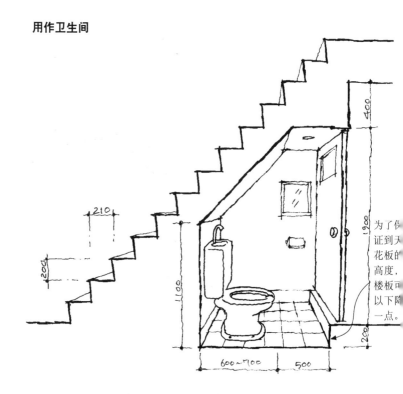

为了保证到天花板的高度，楼板可以下降一点。

❹ 用于放置设备

也可以用作热水储存箱或者放置室内空调机。放置机器设备时通常安装一扇门，把后面的东西遮挡起来。如果开口朝向过道，为了不妨碍通行，可以安装一扇推拉门。

设备收藏间

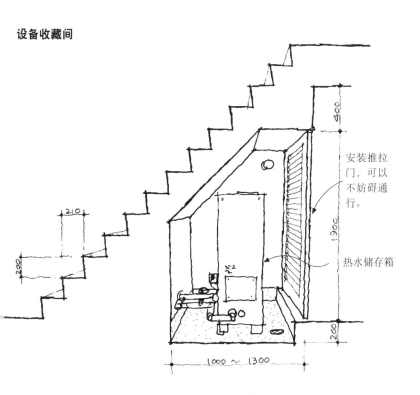

安装推拉门，可以不妨碍通行。

热水储存箱

住吉的长屋（设计：安藤忠雄，1976 年）

这套住宅与其评论它的楼梯，不如说说整套住宅的独特性。毫不夸张地说，这套住宅把我们以往的对住宅的观念全部推翻了。从一间屋子走到另一间屋子，必须走住宅外面的没有屋顶的通道，当然如果下雨的话，打伞才能去卫生间。

住宅的楼梯是平日里随处可见的直跑型楼梯，没有安装扶手，这也不值得大惊小怪，因为连屋顶都没设计。

当然对整套住宅设计的评价不能仅仅只停留在评价它的扶手的层面上。一些注重美学思想的建筑师认为，如果为了安装扶手使整体设计变得不协调完美，那还不如上下楼时多加小心。安全性和美学的关系永远是一个敏感的话题。有人认为，不协调完美的设计陪伴人的一生是一件憾事，也有人认为再完美的设计，如果从楼梯上摔下来受了伤，绝对谈不上是好的设计。

我们处在经济高速发展的阶段，追求功能齐备的同时，也要注重其合理性。运用高科技，发明了各种电器，生活中的劳动量大大减少，生活更加幸福了，在这一点上没有异议。但是，这些生活上的变化同时造成了能源问题、环境问题以及健康问题。

感受自然界的酷暑和寒冷，从风雨中品味季节变化，这样的生活方式多多少少可以减轻人类给环境造成的负担。住吉的长屋正是有这样设计理念的一套住宅。

轴测图

4 错误的楼梯

本节介绍在课堂上教授设计制图时经常看到的"错误的楼梯"、"不能攀登的楼梯"。

错误的原因之一通常是割裂了一层和二层，使得楼梯登不上去。除此之外，也有因为绘图方法产生的简单错误。要想把自己的设计意图正确地传达给对方，就必须使用惯用的表现手法。表现手法发生错误，信息就不可能正确传递。

1. 梁是障碍物吗？

首先请看平面图。这是一个非常普通的住宅的楼梯，但实际上却是登不上去的。请考虑这个楼梯为什么登不上去。

提示：住宅里的梁通向哪里了呢？

二层平面图

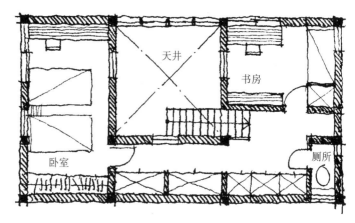

一层平面图

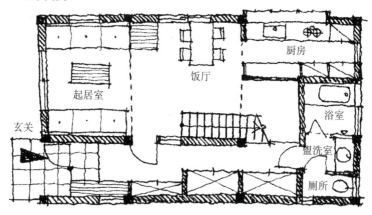

看了下面的平面图和剖面图以后就会明白。

在平面图上，结构中重要的部分——横梁，闯入上下通道的楼梯空间里来了。这样的状态意味着，上下楼梯的时候都会碰着梁（剖面图）。通常平面图上不画横梁，不预留出横梁的位置，在这个位置上画楼梯，就成了现在这样的登不上去的楼梯了。

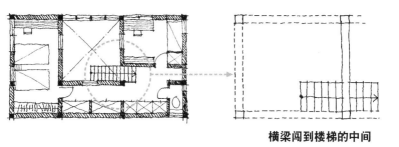

横梁闯到楼梯的中间

**从侧面看会发现，
头碰着梁，无法正常登上楼梯**

不犯错误的技巧

楼梯如果设计在梁与梁之间的栅格里，犯错率会减少很多。栅格里面的楼梯，不会有头碰到梁，楼梯登不上去的现象产生。这种登不上去的楼梯的设计，是学生们在课堂里经常出现的错误。

如果楼梯的高度等于楼梯的长度，那么设计起来会容易一些，这一点后面还会进行说明。也就是说楼梯的长度设计成 2700 mm，栅格的间距以此为基础进行设计。2700 mm 是以 900 mm 为单位的倍数，在设计上是容易计算的数字。

楼梯放置在梁与梁之间的栅格里

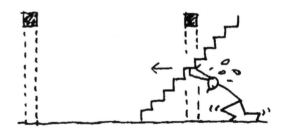

需要约 3600

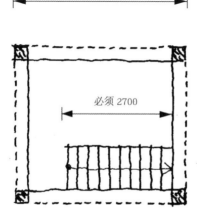

必须 2700

楼梯放置在梁的四角里

下边是改正后的平面图。

需要注意的是，在设计楼梯时不要横穿梁。

二层平面图

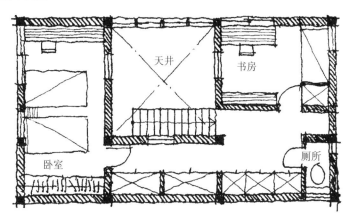

一层平面图

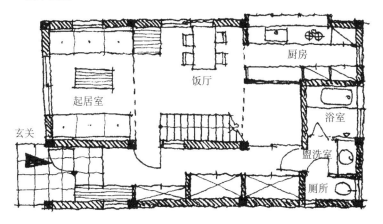

2. 二楼的楼板是障碍物吗？①

下面我们探讨一下螺旋楼梯。

请考虑这个平面图中的楼梯有哪些地方是不合理的。

提示：二层平面图楼梯的上半部分覆盖着什么？

二层平面图

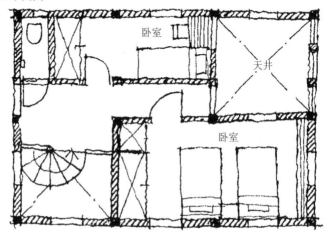

一层平面图

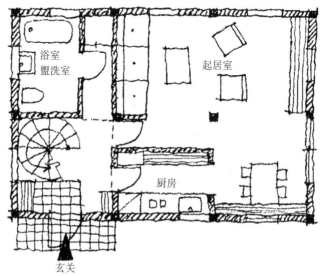

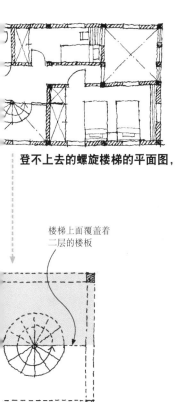

登不上去的螺旋楼梯的平面图，

楼梯上面覆盖着
二层的楼板

楼梯的上方有二层的楼板挡住

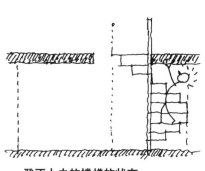

登不上去的楼梯的状态

　　二层的楼板伸出来了，碰
着头。如上面示意图所示，这
个楼梯成了登不上去的楼梯。

不犯错误的技巧

螺旋楼梯如果设计在天井以内，就不会出现这样的错误。螺旋楼梯的上面通常没有二层的楼板，但是如果有楼板会上不去，所以要计算好楼梯数、开始上楼的位置，让楼梯口与二层楼板正好对接上。

螺旋楼梯设计在天井内

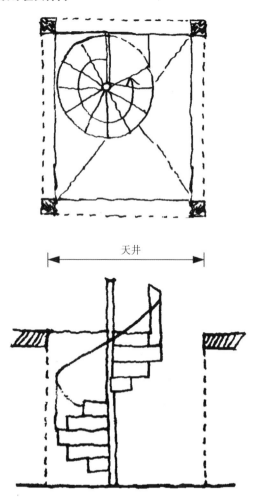

天井

下图是修正以后的平面图。这套住宅是一套小型住宅，住宅的一层是起居室、饭厅、厨房以及盥洗室，二层是卧室。如果住宅面积小，楼梯的占地面积比例容易变大，使用螺旋楼梯，能有效减少占地面积。

二层平面图

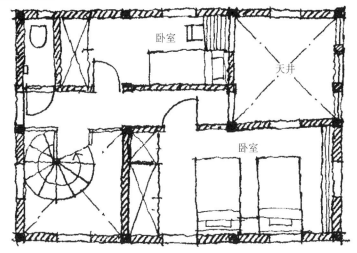

一层平面图

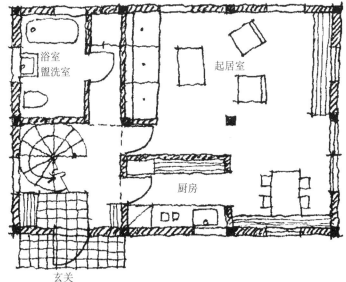

3. 二楼的楼板是障碍物吗? ②

下图也是一个不能登上的楼梯, 请考虑错误之处。

提示: 请考虑二楼楼梯上部的空间是否够用。

二层平面图

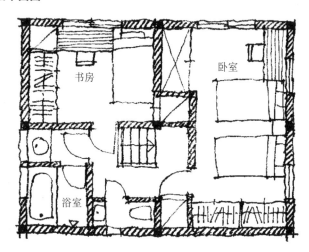

一层平面图

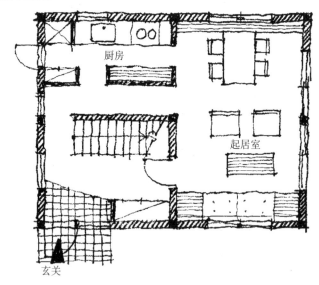

这个楼梯的问题仍然出在二层的楼板上。二层楼板开口太小，直跑式楼梯登不上去。下面的投影示意图很好地描述了这个问题。

画一楼平面图的时候，往往不画二楼的楼板线。如果画图时将一楼和二楼分开考虑，经常会出现这类问题。考虑楼板的时候，最好把上下层连接部分的剖面图画出来。

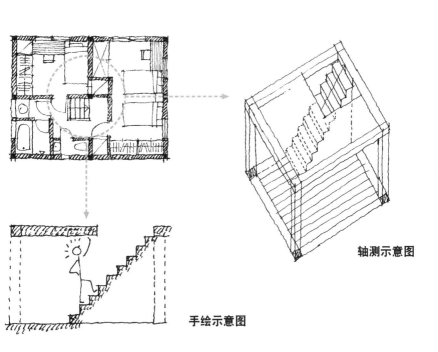

轴测示意图

手绘示意图

One
Point

不犯错误的技巧

楼梯上部的楼板要留出足够的空间。楼梯上部可以完全做成天井。如果楼梯上部不能完全做成天井，上层楼板的高度应测量楼梯坡度的垂直高度，最少 1800 mm 以上。

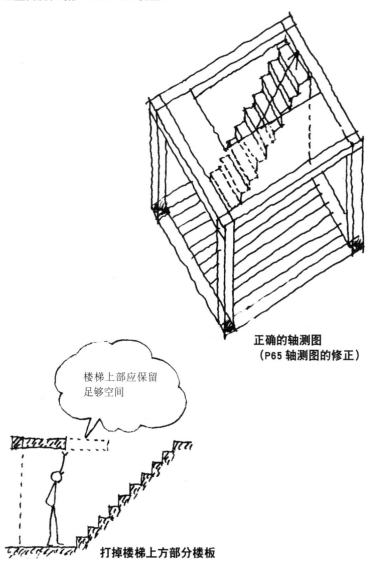

正确的轴测图
（P65 轴测图的修正）

楼梯上部应保留足够空间

打掉楼梯上方部分楼板

下图是修改以后的平面图。为了预留出上层楼板的空间，大幅度地修改了设计方案。由于二楼的楼梯长，浴室移到一楼，二楼增加了一间屋子。实际上住宅用地是固定的，大幅度地增加面积不是一件容易的事情。

设计时应该把握好楼梯的长度和需要的空间大小，才能避免出现大面积的修改平面图的情况发生。

二层平面图

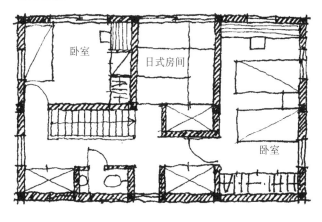

一层平面图

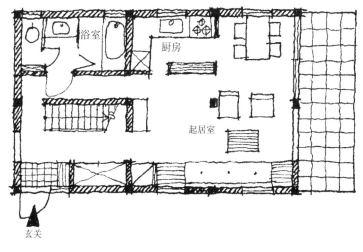

4. 踏步数足够吗？

下图是设计制图课堂上常见的图纸，这是一个错误的楼梯。请考虑，什么地方出错了？

提示：住宅的高度是多少，楼梯的高度是多少。

二层平面图

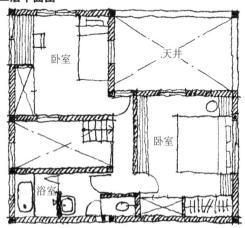

一层平面图

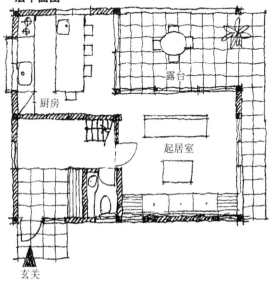

这个楼梯的踏步数不够。本图没有反映出通常高度近 3 m（3000 mm）的楼梯需要的踏步数。按照该图所示，3000 mm 的高度需要五层踏步，每个踏步的踢面高度为 600 mm，那么就会变成如同左图所示的陡峭楼梯，这是非常危险的。

根据楼梯高度增加踏步数量，楼梯的长度也会相应增加。

踏步数量不够楼梯变陡

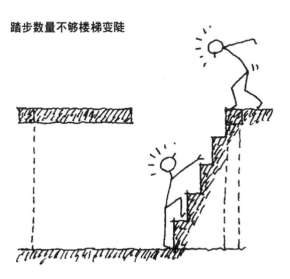

增加踏步数以后，楼梯的长度增加。注意二楼楼板

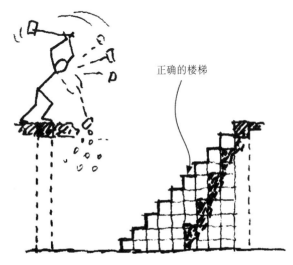

正确的楼梯

下图是计算出合适踏步数之后的图。增加踏步数以后，楼梯的长度也会增加，楼梯上部的预留空间也要增大。如果像刚才那个错误的设计，对楼梯踏步数不提前仔细计算好，那么后面还要修改整体规划。

二层平面图

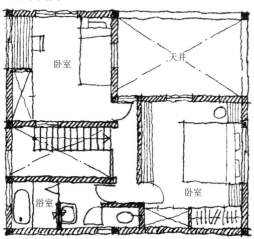

一层平面图

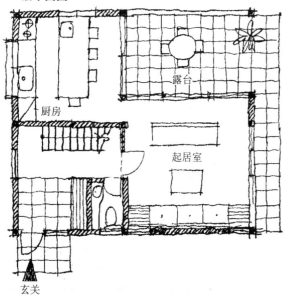

5. 老鼠楼梯？

下图也是在教学课堂上经常见到的设计。该设计的踏步数量足够、楼梯上面也预留了足够空间，仍然是一个不能上下的楼梯，什么地方出了问题呢？

提示：如果楼梯的高度为3m，请考虑楼梯的踢面、踏面的尺寸应为多少？

二层平面图

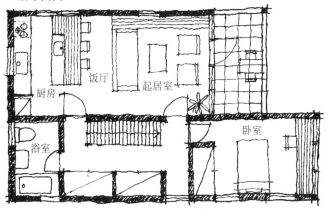

一层平面图

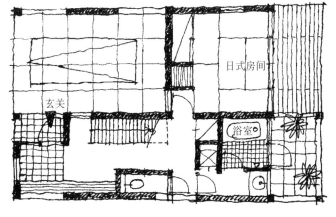

虽然这个设计的坡度合适，但是踏面太窄，不可能踏踩，通常称作老鼠楼梯。在设计楼梯的时候，如果楼梯线不仔细考虑，就会出现这样的情况。

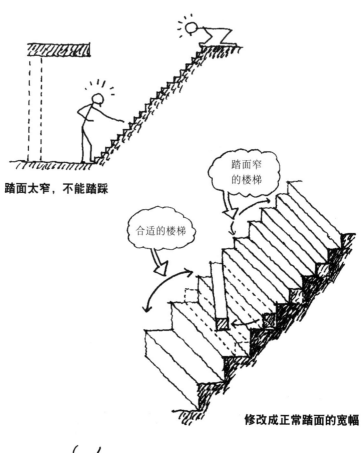

踏面太窄，不能踏踩

踏面窄的楼梯

合适的楼梯

修改成正常踏面的宽幅

踏面太窄，只能放上脚尖儿

楼梯的记号是有意义的。踏步的线是不能随便画的。在画图时，要考虑踏步数和楼梯高度。下图是正确的图示。

二层平面图

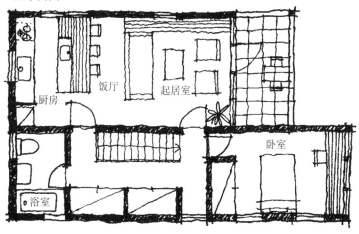

一层平面图

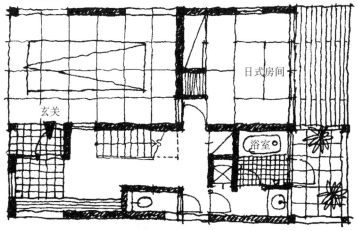

6. 随机楼梯？

下图的设计也是在教学课堂上经常看见的。楼梯的长度合适、上部预留的空间也足够、有 10 个踏步数，作为住宅用的楼梯看起来应该是没有问题的。但仍然是不能使用的楼梯。请考虑，问题出在哪里？

提示：请从楼梯上下的难易程度来考虑。

二层平面图

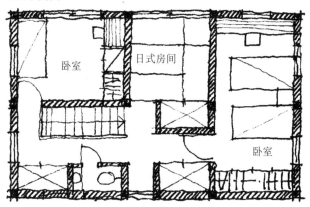

一层平面图

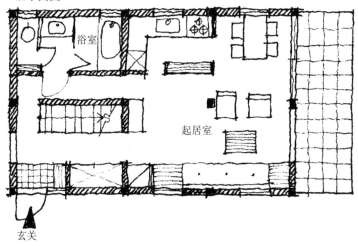

这个楼梯的每一层踏步的幅宽都是变化的，俗称"随机楼梯"。如果踏面和踢面的尺寸不统一，楼梯的坡度就会变化，不仅不方便上下，而且十分危险。踏面和踢面的尺寸要精确计算，楼梯升降坡度必须保持一致。

踢面和踏面的尺寸不统一，攀登时候很危险

踢面和踏面的尺寸要统一

修改以后如下图所示。

踏面、踢面不同，楼梯占用空间就会不同，对整个设计规划会产生影响。楼梯的设计是住宅中非常重要的一部分，要仔细计算，重点把握。

二层平面图

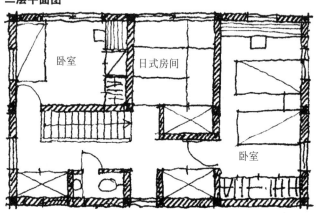

一层平面图

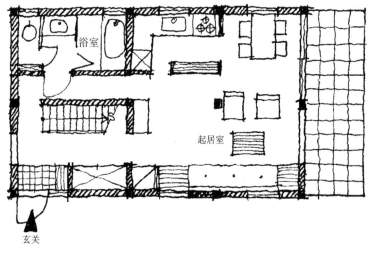

学生的作品①

我们已经看了很多错误楼梯的实例了。下面,作者从课堂上给学生的作业题目"在一个立方体中,自由地设计住宅"里,给大家介绍几个错误的楼梯画法实例。

下面的图,是一个有三层楼房的平面图,按照现在的设计,楼梯的踏步数太少,上下困难。另外,平面和剖面的踏步数不一致,整体设计缺乏统一性。

一层平面图

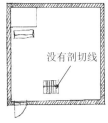

没有剖切线

剖面图

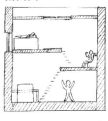

二层平面图

一楼的楼梯在哪儿?

三层平面图

二楼的楼梯在哪儿?

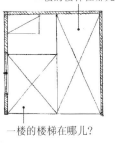

一楼的楼梯在哪儿?

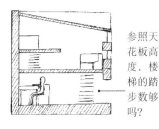

参照天花板高度,楼梯的踏步数够吗?

修改后的范例

添加了必需的踏步数。平面图和剖面图的楼梯位置也对应起来了。

一层平面图

工作室

浴室

剖面图

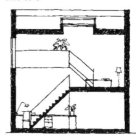

二层平面图

起居室

三层平面图

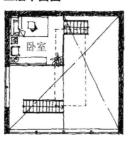

卧室

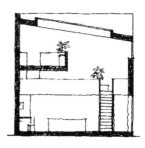

学生的作品②

　　下图一楼的两侧是私人空间，二楼是公共空间，房顶上有一个露台。从右侧的剖面图可以看到，二楼的天花板挡住了楼梯的出口。

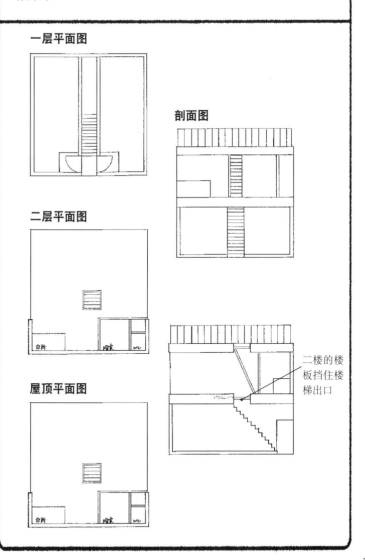

一层平面图

剖面图

二层平面图

二楼的楼板挡住楼梯出口

屋顶平面图

修改后的范例

　　楼梯上部预留了空间，对整体设计做了修改。楼顶露台下面架设了梯子。

一层平面图

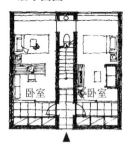

二层平面图

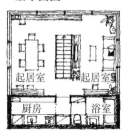

三层平面图

剖面图

5 楼梯的画法

在本节中将学习楼梯的制图方法。从学生的作业中发现，不会画剖面图的人很多。本节从简单的立面图、平面图的画法开始进行说明。螺旋楼梯是很难画好的，每个踏步的踏面朝向是变化的，下面将按照顺序加以说明，请参考图示加以理解。

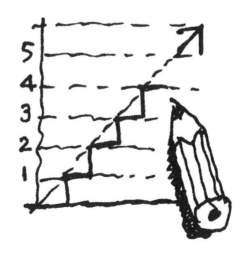

1. 直跑式楼梯的画法①

（确定踏面和踢面以后再画）

　　先计算好一级踏步的踢面、踏面尺寸。选择比较好计算的尺寸，并列排列 12~13 个踏步。

❶ 12 ~ 13 张踏板并列排列（并列排列踏板的平面图）

平面图

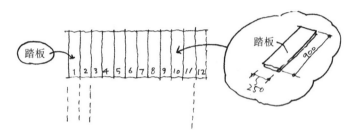

❷ 画踢面水平线，垂直向下画平面图踏板的线（FL 表示楼板线）

立面图

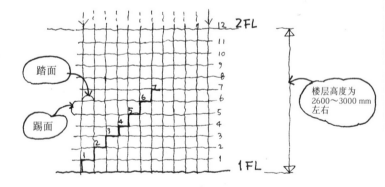

❸ 画出楼梯的形状，画出扶手

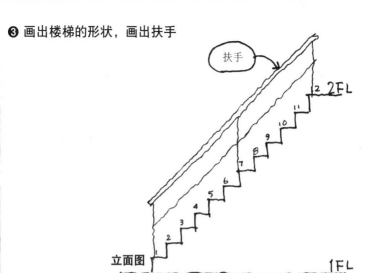

扶手

2 2FL

11

10

9

8

7

6

5

4

3

2

1

立面图

1FL

楼层高度等分的技巧

3000 m 高度的楼层用 100 / 1 的比例尺缩放后，用 30 mm 作图。
如果将楼层进行 13 等分，每一级踏步高度 2.3 mm，用这个带小数的
数字是不太容易做好的。像下面这样用一把尺子测量一下，就很容易了。

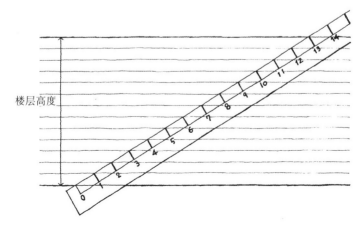

楼层高度

2. 直跑式楼梯的画法②
(确定坡度、踏步数后再画)

　　楼梯的画法有很多种，推荐先把坡度和踏步数定成容易计算的数字以后再画。

❶ 坡度 45·，踏步数 12

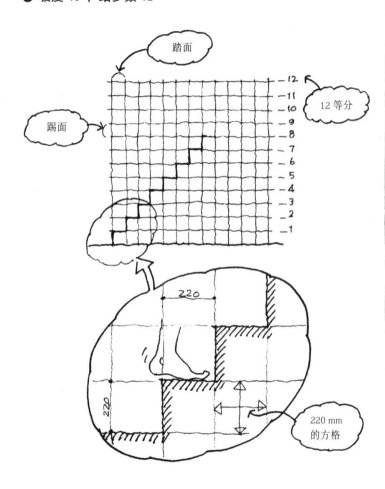

踏面

踢面

12 等分

220 mm 的方格

❷ 在立面图上画楼梯的形状，将两侧的线垂直画到平面图。

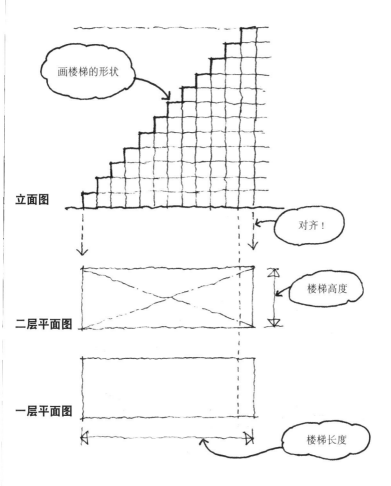

画楼梯的形状

立面图

对齐！

二层平面图

楼梯高度

一层平面图

楼梯长度

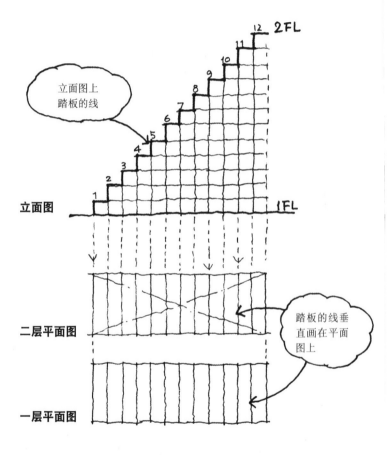

❹ 画好箭头、扶手、剖切线后结束

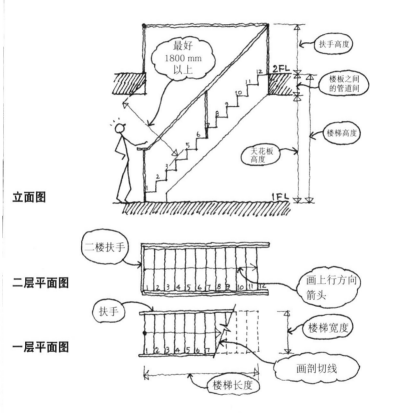

立面图

二层平面图

一层平面图

3. 楼梯间的平面图、剖面图的画法

❶ 画平面图、剖面图的外形

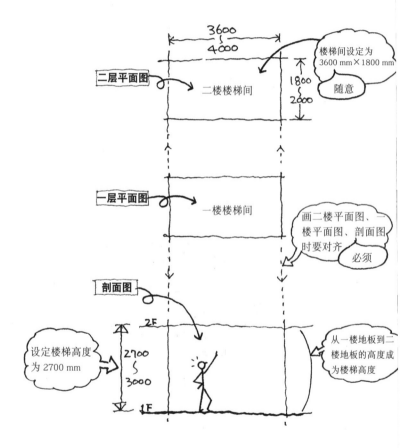

3600〜4000

楼梯间设定为 3600 mm×1800 mm

随意

二层平面图 → 二楼楼梯间

1800〜2000

一层平面图 → 一楼楼梯间

画二楼平面图、一楼平面图、剖面图时要对齐

必须

剖面图

2F

设定楼梯高度为 2700 mm

2700〜3000

1F

从一楼地板到二楼地板的高度成为楼梯高度

❷ 将剖面图的楼梯高度划为 12 等分

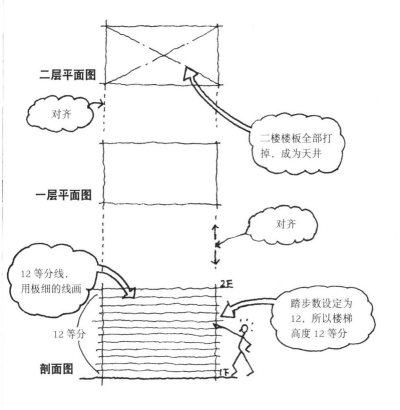

二层平面图

对齐

二楼楼板全部打掉，成为天井

一层平面图

对齐

12 等分线，用极细的线画

2E

踏步数设定为 12，所以楼梯高度 12 等分

12 等分

剖面图

1F

❸ 楼梯间里楼梯的位置

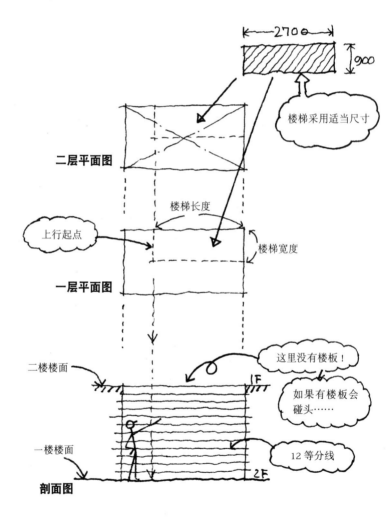

2700

900

楼梯采用适当尺寸

二层平面图

楼梯长度

上行起点

楼梯宽度

一层平面图

二楼楼面

这里没有楼板！

1F

如果有楼板会碰头……

一楼楼面

12 等分线

剖面图

2F

90

❹ 决定楼梯坡度（40° ～ 45°）

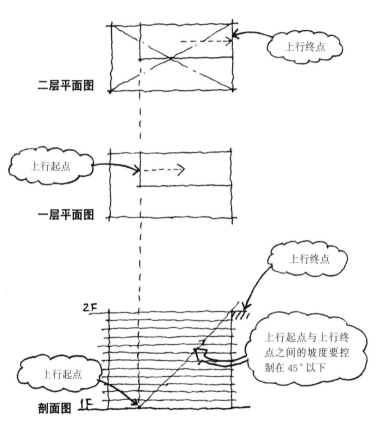

二层平面图

上行终点

上行起点

一层平面图

2F

上行终点

上行起点

上行起点与上行终点之间的坡度要控制在 45°以下

剖面图 1F

❺ 在剖面图上画楼梯的形状

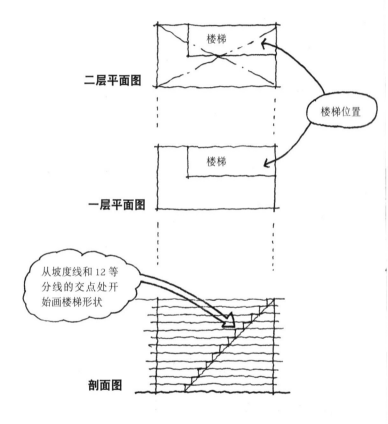

二层平面图

楼梯

楼梯位置

一层平面图

楼梯

从坡度线和 12 等分线的交点处开始画楼梯形状

剖面图

❻ 在平面图上画楼梯线

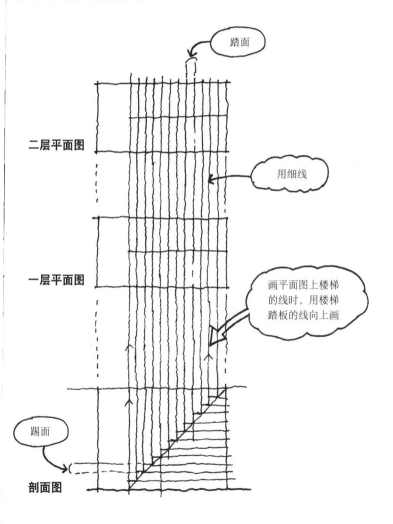

踏面

二层平面图

用细线

一层平面图

画平面图上楼梯
的线时，用楼梯
踏板的线向上画

踢面

剖面图

❼ 在一楼平面图上画剖切线，画上行箭头

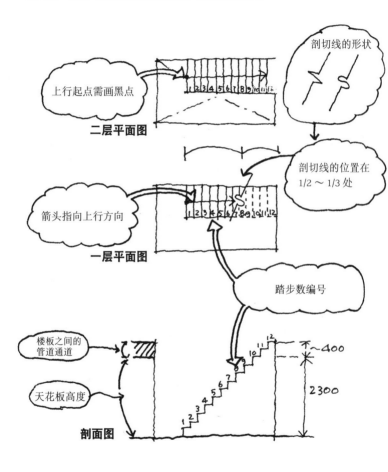

上行起点需画黑点

剖切线的形状

二层平面图

剖切线的位置在
1/2 ～ 1/3 处

箭头指向上行方向

一层平面图

踏步数编号

楼板之间的
管道通道

天花板高度

剖面图

~400

2300

❽ 画好墙壁、尺寸线、扶手，墙壁和楼板的剖面涂黑之后结束

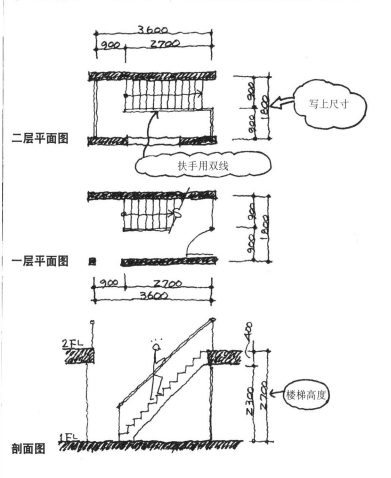

二层平面图

写上尺寸

扶手用双线

一层平面图

2FL

1FL

剖面图

楼梯高度

4.对折楼梯的画法

对折楼梯占地面积较大。记住休息平台的进深和楼梯的宽幅相同就容易画。

❶ 画踏面和踢面的栅格

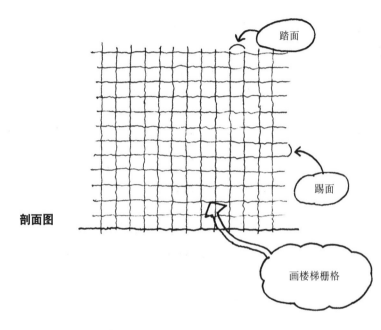

踏面

踢面

剖面图

画楼梯栅格

* 楼梯栅格是踏面（W）
和踢面（H）形成的栅格

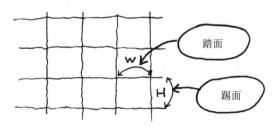

踏面

踢面

❷ 画上行下行的楼梯

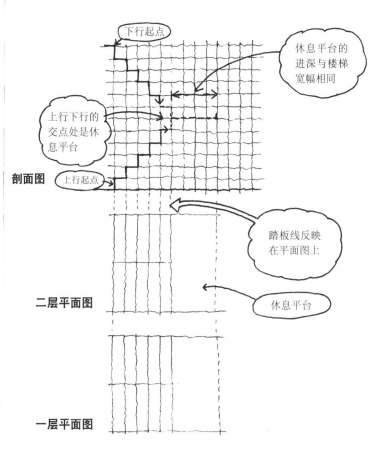

下行起点

休息平台的进深与楼梯宽幅相同

上行下行的交点处是休息平台

剖面图

上行起点

踏板线反映在平面图上

二层平面图

休息平台

一层平面图

❸ 画休息平台和楼梯的剖面，在平面图上画剖切线

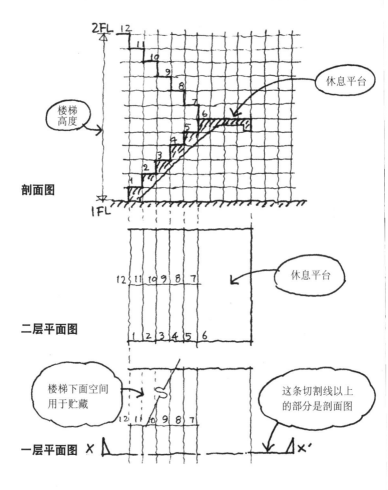

2FL 12

11

10

9

8

7

6

休息平台

楼梯
高度

5

4

3

2

1

剖面图

1FL

12 11 10 9 8 7

休息平台

二层平面图

1 2 3 4 5 6

楼梯下面空间
用于贮藏

12 11 10 9 8 7

这条切割线以上
的部分是剖面图

一层平面图 X

X'

❹ 画扶手、墙壁和楼板的剖面打上斜线或涂黑以后结束

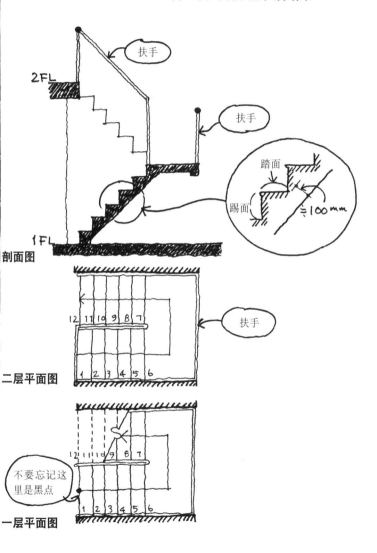

剖面图

二层平面图

一层平面图

5.螺旋楼梯的画法

　　画螺旋楼梯的立面图时，如果与平面图一起考虑，会给制图增加难度。

❶ 计算楼梯的大小，画一个圆圈。画天花板、楼板的线并将其12 等分。

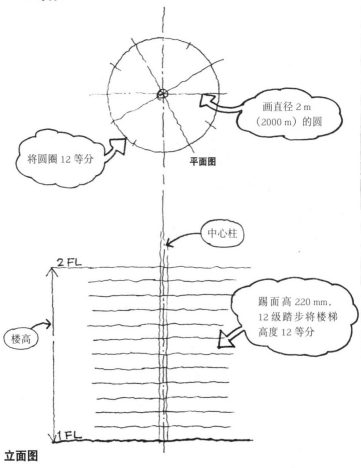

画直径 2 m（2000 m）的圆

将圆圈 12 等分

平面图

中心柱

2 FL

踢面高 220 mm，12 级踏步将楼梯高度 12 等分

楼高

1 FL

立面图

❷ 决定上行起点位置，写上编号

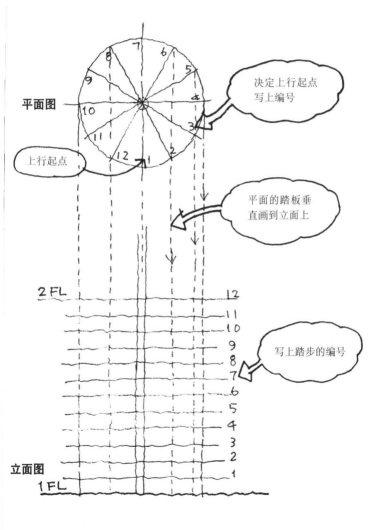

平面图

决定上行起点
写上编号

上行起点

平面的踏板垂
直画到立面上

2 FL

写上踏步的编号

立面图

1 FL

❸ 从 12 等分的圆圈的各点向下画垂线

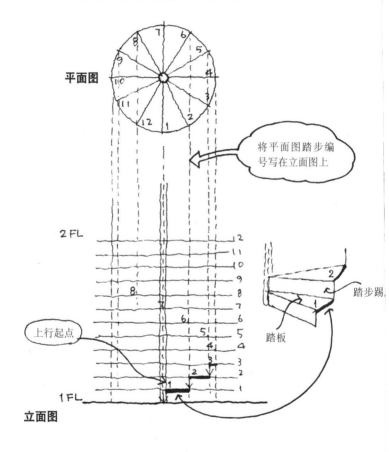

平面图

将平面图踏步编号写在立面图上

2 FL

上行起点

踏步踢

踏板

1 FL

立面图

❹ 向下画垂线，画踏步踢脚板和踏板

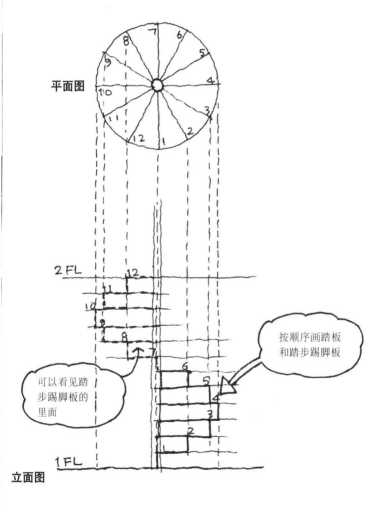

平面图

2 FL

1 FL

立面图

按顺序画踏板
和踏步踢脚板

可以看见踏
步踢脚板的
里面

❺ 画扶手

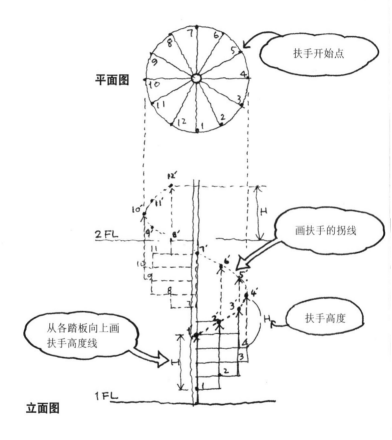

平面图

扶手开始点

画扶手的拐线

2 FL

H

扶手高度

从各踏板向上画
扶手高度线

H

立面图

1 FL

❻ 画剖切线和上行箭头后结束

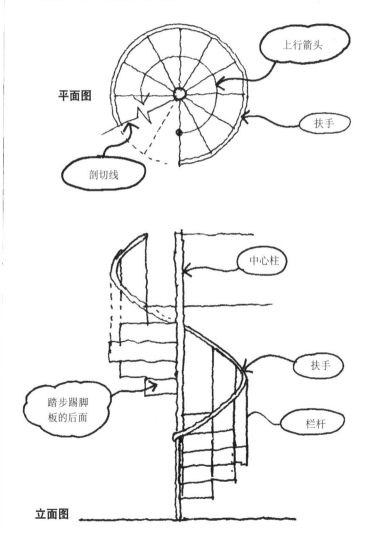

平面图

上行箭头

扶手

剖切线

中心柱

扶手

栏杆

踏步踢脚
板的后面

立面图

萨伏瓦别墅（设计：勒·柯布西耶，1931 年）

萨伏瓦别墅是现代建筑巨匠之一勒·柯布西耶设计的。该建筑被称作跨越近代和现代的佳作。这套住宅实现了勒·柯布西耶提倡的对新建筑的"近代建筑五原则"的思考。

这五项原则是 ① 底层架空 ② 屋顶花园 ③ 自由平面 ④ 水平连续的窗户 ⑤ 自由立面。以往的石材和砖块堆砌起来的建筑，结构上不可能实现底层架空，开口的大小和位置也无法自由设定。也不可能把屋顶设计成防止雨水进入的坡状屋顶。可以说这些历史难题都是由勒·柯布西耶解决的。

萨伏瓦别墅是为某保险公司的老板周末度假而建造的。虽然是周末度假，却是一个楼板面积有 440 m²，除了主卧室以外还有五个卧室的大住宅。

进入玄关以后，右手边是一个缓坡，左手边能看见螺旋楼梯。楼梯分上层楼梯和下层楼梯，坡道把上下层楼梯顺畅地连接起来。在上面行走，不仅感觉放松，而且随着位置的变换，周围景色也随之连续变化，使人赏心悦目。

另外一个楼梯外形上很像螺旋楼梯，实际上是回转楼梯和螺旋楼梯相结合的产物。扶手的优美曲线，宛如一个缓缓上升的漩涡。这也是勒·柯布西耶连接上下空间时独具匠心的设计。

如漩涡般的回转楼梯
（摄影：Rory Hyde）

6 房间格局中的楼梯

在整体考虑住宅设计的时候，楼梯的位置对房间的功能和生活习惯会产生巨大影响。本节以简单住宅为例，说明楼梯的位置和形式的变化，会给住宅的结构和生活习惯带来哪些变化。

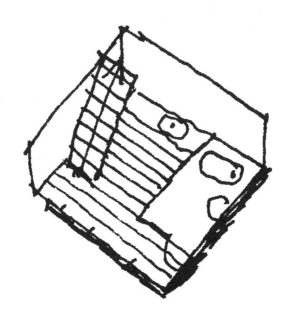

1. 在玄关放置楼梯①

把楼梯放置在玄关附近，这款设计整合了家庭室内行走的路线。因为住宅内部的行走路线相对集中，所以没有浪费楼板面积，是合理的户型设计。这是比较常见的设计，缺点或许是楼梯空间显得有些呆板。

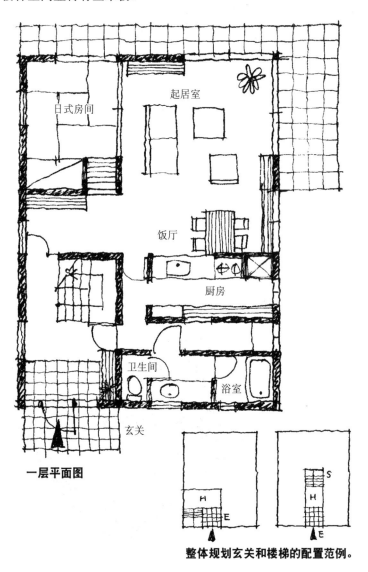

一层平面图

整体规划玄关和楼梯的配置范例。

楼梯设置在玄关附近，不与家人碰面也可以自由出入，有可能被家人疏远。根据家庭的生活习惯，这种情况是好是坏，还很难下结论。室内行走路线集中在玄关，最大的优点是楼板区域比较集中，可以得到有效利用。重要的是，要能不受整体规划的制约，随机应变地处理问题。

俯瞰图

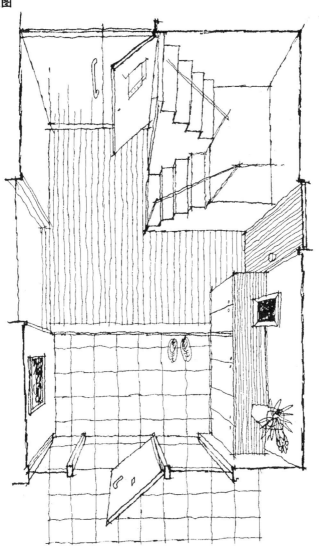

2. 在玄关放置楼梯②

这是1的改进版，客厅与玄关一体，玄关设计成通透的，在此放置楼梯。通透的客厅采光和通风好，进入玄关以后视野格外宽阔。

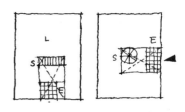

整体规划中玄关和楼梯的配置范例

一层平面图

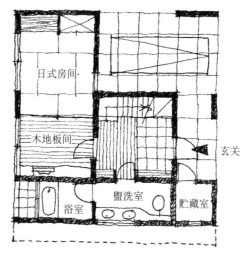

日式房间

木地板间

浴室　盥洗室　贮藏室

玄关

二层平面图

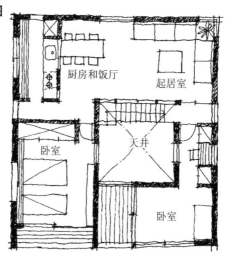

厨房和饭厅　　起居室

卧室　　天井

卧室

与 ① 的玄关门厅相比较，显得更加宽阔开放。

透视图

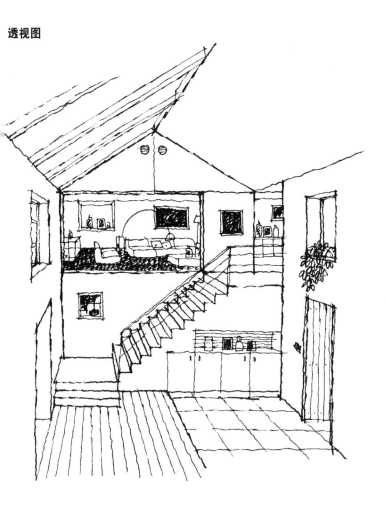

3. 在起居室放置楼梯

在家庭成员集中的起居室或者饭厅设置楼梯。配合天井和起居室，可以打造动感十足的楼梯。

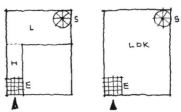

整体规划中玄关与楼梯的配置范例

一层平面图

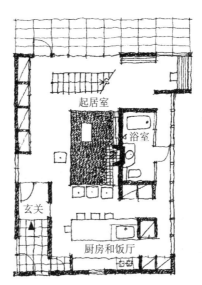

二层平面图

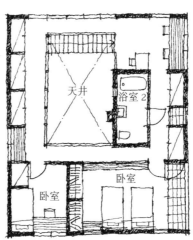

这种在起居室和饭厅放置楼梯的设计，家庭成员在上二楼的时候要经过起居室，增加了接触的机会，促进家庭成员之间的亲密沟通。

透视图

4. 在走廊放置楼梯

在连接个人房间的走廊上放置楼梯。这款设计将水平的行走路线与垂直的行走路线结合起来，规整了室内行走路线，是一款功能完备、配置合理的户型。

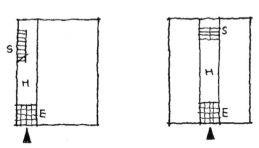

整体规划中玄关与楼梯的配置范例

一层平面图

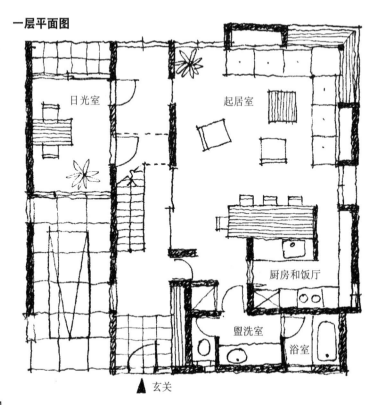

日光室

起居室

厨房和饭厅

盥洗室

浴室

玄关

如果在走廊放置楼梯，走廊的幅宽 900 mm 加上楼梯的幅宽 900 mm，一共需要 1800 mm 的宽度。

透视图

总结与实例

❶ 在玄关放置楼梯（上方可以挑高）

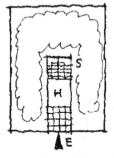 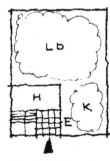 

玄关与楼梯整合在一起，房间内部的空间增大

❷ 在起居室放置楼梯

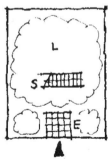 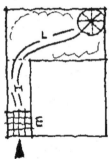 

玄关与楼梯分离，起居室变成通路。需要仔细考虑室内行走路线

❸ 在走廊放置楼梯

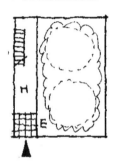 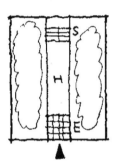

玄关、楼梯、走廊整合在一起，室内行走路线确定，便于整体规划

7 狭小住宅和异形平面的楼梯

现代城市住宅的建筑面积狭小，也经常有三角形、旗杆形、四边形以外的其他形状的平面。然而楼梯的大小和长度不发生变化。本节讨论狭小住宅和异形平面住宅的楼梯。

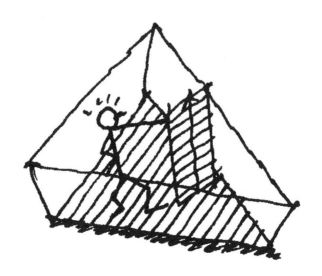

1. 复式狭小住宅的楼梯

这款设计是复式的狭小住宅。因为是复式，楼梯的占地面积变大。

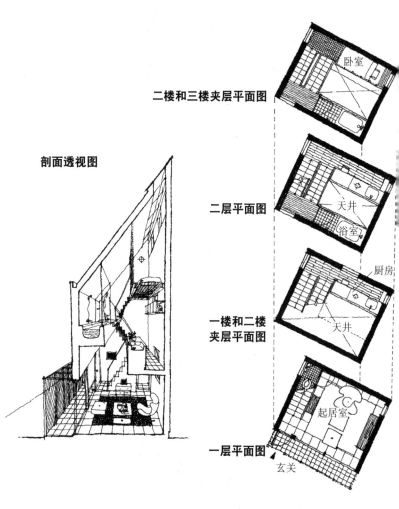

剖面透视图

二楼和三楼夹层平面图

卧室

二层平面图

天井

浴室

厨房

一楼和二楼
夹层平面图

天井

起居室

一层平面图

玄关

在狭小空间里放置楼梯，与其让楼梯拥挤不堪，不如做成复式，让楼梯成为房间的一部分，增加一体感。

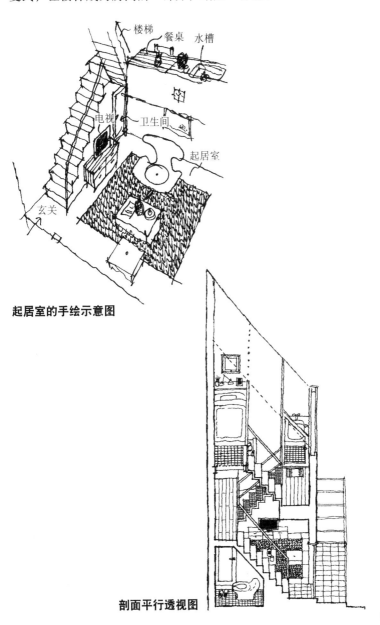

起居室的手绘示意图

剖面平行透视图

2. 长屋住宅的楼梯

住宅宽度小，进深长，像鳗鱼洞一样的住宅，楼梯应该如何规划呢？

宽度为 1800 mm 的长屋（仅限直跑式楼梯）
二层平面图

一层平面图

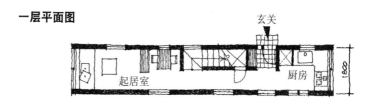

宽度为 2700 mm 的长屋（可以是对折楼梯）
二层平面图

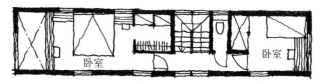

一层平面图

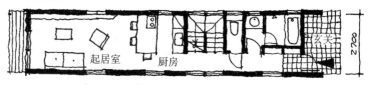

宽度为如果是 1800 mm，只能放置直跑式楼梯。如果是 2700 mm，可以使用对折楼梯。宽度是 1800 mm，如果放置螺旋楼梯，楼梯就会挡住过道。如果是 2700 mm，楼梯的旁边就会有能通过的空间。

宽度 1800 mm 的长屋（螺旋楼梯挡住过道）

二层平面图

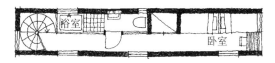

一层平面图

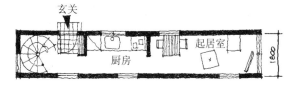

宽度 2700 mm 的长屋（螺旋楼梯的旁边有过道的空间）

二层平面图

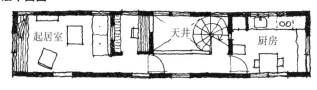

一层平面图

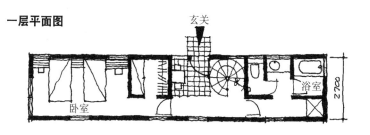

3. 三角平面住宅的楼梯

　　学生中有做三角形住宅、梯形住宅和圆形住宅的，理由有很多，美观占首位，但是没有人做四方形住宅的，因为四方形趣味性低。但是，到了画楼梯的时候，就迟迟不能下笔。在三角形平面的住宅里面，怎样安置好楼梯呢？下面用简单的实例来说明楼梯的放置问题。主要是如何处理好角落的问题。

　　三角形平面的住宅，角落的处理是个难点，要么截角作为庭院，要么做楼梯的转折处来处理。

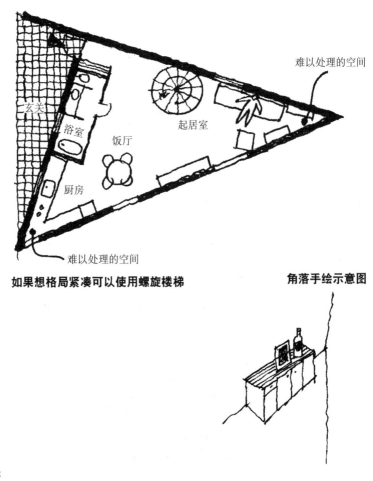

难以处理的空间

玄关

浴室

饭厅

起居室

厨房

难以处理的空间

如果想格局紧凑可以使用螺旋楼梯

角落手绘示意图

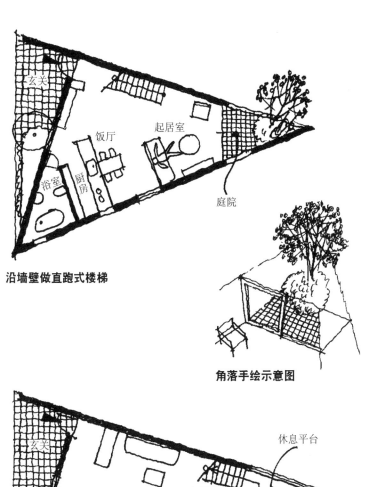

玄关

饭厅

起居室

浴室

厨房

庭院

沿墙壁做直跑式楼梯

角落手绘示意图

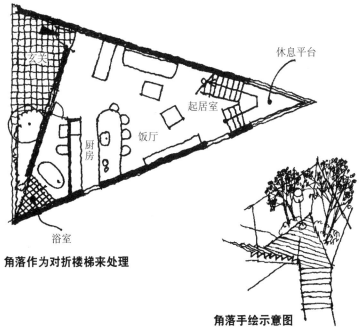

玄关

休息平台

起居室

厨房

饭厅

浴室

角落作为对折楼梯来处理

角落手绘示意图

4. 角落的处理

在此介绍各种异形平面角落的楼梯。如果有一个零碎空间，可以做成天井、卫生间或者书房。

❶ 三角形平面

转折楼梯

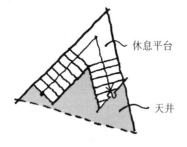

休息平台

天井

对折楼梯

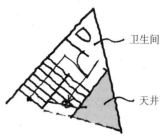

卫生间

天井

回转楼梯

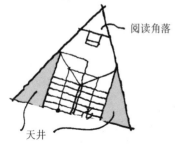

阅读角落

天井

螺旋楼梯

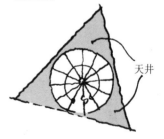

天井

❷ 梯形平面

转折楼梯

天井

天井

对折楼梯

天井

转折楼梯

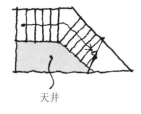

天井

螺旋楼梯

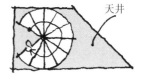

天井

弯曲形状楼梯

天井

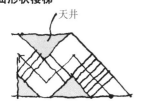

回转楼梯

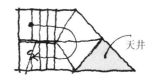

天井

Column 著名住宅的楼梯⑤ ••••••••••••••••••••

塔之家（设计：东孝光，1966 年）

在东京市中心最高级地段建造的这套住宅，建筑面积只有 6 坪（约 20 平方米），在建筑面积约为 12 张榻榻米而且不规整的三角形土地上面搭建住宅，是不可思议的事情。这种面积窄小而且异形的土地，通常来讲没有什么使用价值，一般被人放弃。然而东孝光先生就是在这样不利地形的条件下，展现了住宅的终极设计和居住方式。我个人认为，塔之家是城市狭小住宅的先驱，在众多的狭小住宅的设计里，没有任何一个可以和它相媲美。这套住宅地下有一层，地上有五层。地下为储物室（施工时的操作间）；一楼是车库和玄关；二楼是家庭成员集中的地方或者是饭厅；三楼是卫生间、浴室和盥洗室，与下面一层通透，为这个窄小空间增加些宽敞舒展的气氛；四楼是主卧；五楼是儿童房间和露台。整套住宅如同它的名字一样，在狭小的空间里，建造了包括地下室一共六层的楼房，上下空间的连接用的是多边形的螺旋楼梯。楼梯如果非常窄小，会影响日常生活的便利性和安全性。有效利用空间面积，培养生活习惯至关重要。

东孝光先生认为，比面积更为重要的是，位于市中心住宅的便利性和地理上的优势。这也是对住宅和居住方式的一种思考。

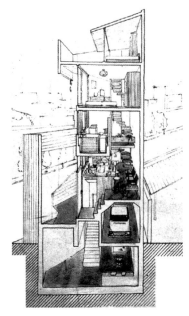

剖面透视图（资料提供：东孝光）

8 创意楼梯

　　本节介绍的不是斜梁和踏板构成的普通楼梯，是有其他用途并且融合创意的楼梯。随着创意的不同，楼梯空间也呈现丰富多彩的变化。

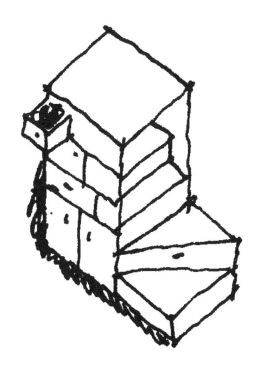

1. 合板组合楼梯

　　这个楼梯是由 30 mm 厚的椴木合板构成的。楼梯的下边通常设计为贮藏室和卫生间，在楼梯下边和侧面用板材做书架和桌子，成为迷你书房。

楼梯部分平面图

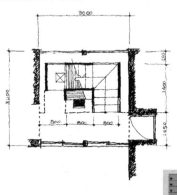

将各个部分装配起来，搭建成楼梯

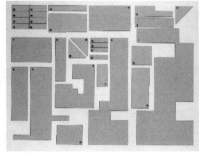

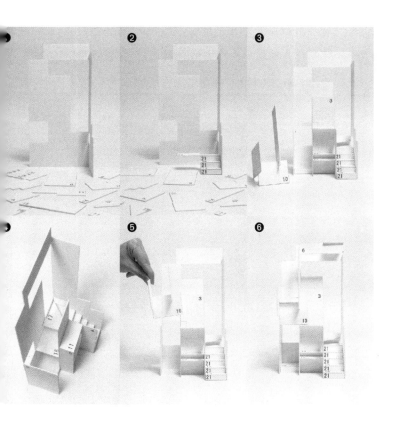

楼梯的搭建方式

❶ 搭建支撑楼梯整体的结构

❷ 从下方开始组配楼梯

❸ 安装书架

❹ 搭建楼梯的后边部分

❺ 安装楼梯前面的部分

❻ 完成

2. 木制楼梯

　　用木材搭建一个井字框架，然后安装踏板和角材搭建的楼梯。纯木材容易翘脚，不太适合作为搭建楼梯的材料。别墅里最好选择干燥的木材。

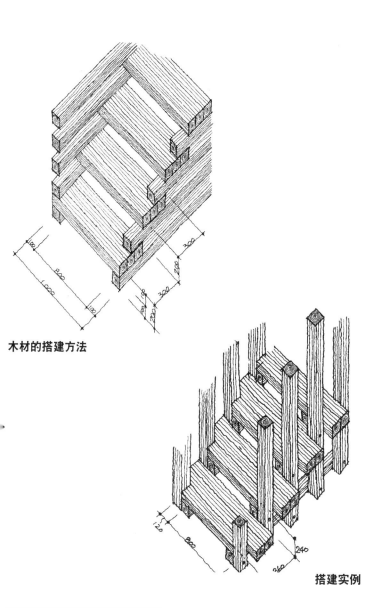

木材的搭建方法

搭建实例

模型照片

3. 有储藏功能的楼梯

　　利用楼梯下方空间做储藏室，灵感来自于过去日本的箱式楼梯。踏板下方做抽屉或者安装两个不同方向推拉的拉门。这款楼梯不仅仅是储藏物品用，抽屉或者柜门可以做桌角，柜门向下拉开上方可以作桌面，用于写字或者熨衣服，是一款多功能楼梯。

立体图

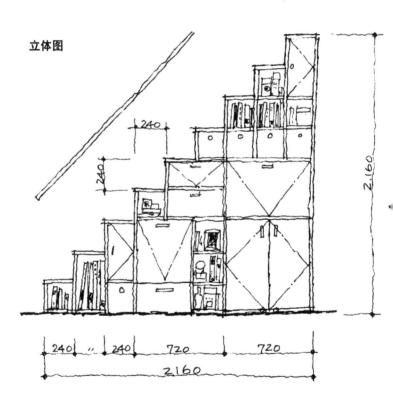

储藏物品后

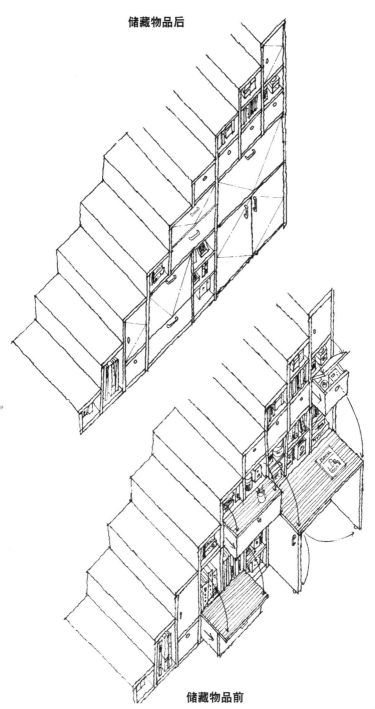

储藏物品前

133

下图是又一款有储藏物品功能的楼梯。利用左右的高低不同做踏面，是设计感很强的楼梯。前面部分设计为书架。

轴侧图

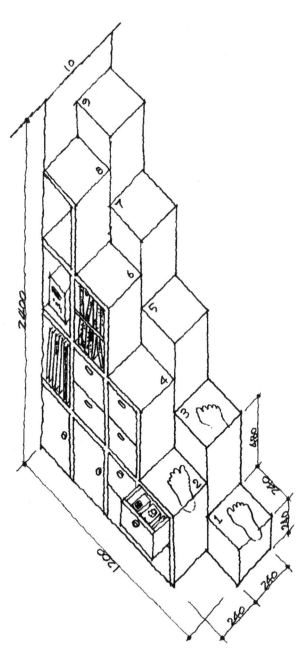

9 楼梯设计练习

　　我们已经在前面的几节中见到了各式各样的楼梯。为巩固学习成果，加强应用训练，在本节中，我们将做几个练习。从楼梯各部分名称和尺寸开始，然后是楼梯图纸的看法、画法、有限空间中应如何设计楼梯、用简单的问题加强记忆和理解。希望可以消除对楼梯设计的惧怕。

问题 1

❶ 请在右图括号里填入楼梯的各部分名称。

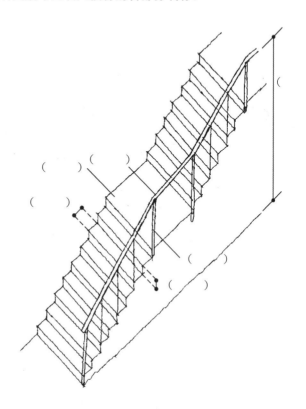

( )

( ) ( )

( )

( )

( )

❷ 请在右图括号里填入住宅楼梯的踢面和踏面尺寸。

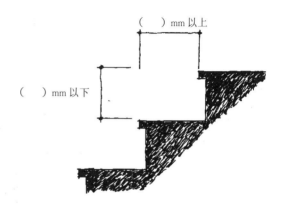

( ) mm 以上

( ) mm 以下

问题 2

请画出下图 ❶ 至 ❹ 楼梯的平面图。注意不要把楼梯踏面和休息平台的尺寸设计得太小了。

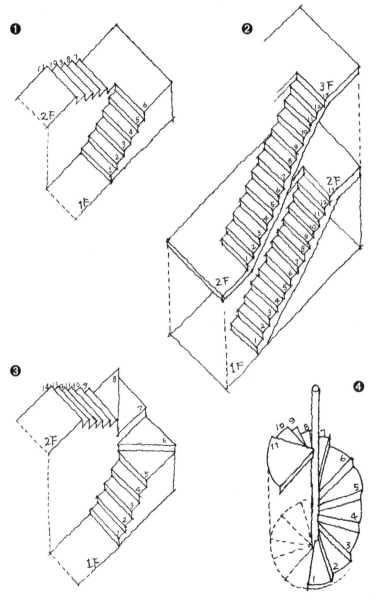

问题 3

右边剖面图所示楼梯的下方具有储藏物品的功能，请画出楼梯的一楼平面图和二楼平面图。

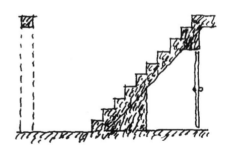

问题 4

假设有下边平面图所示住宅。以 A 点（±0）为基准点，踢面高度为 200 mm。请回答从 B 点到 F 点的高度。

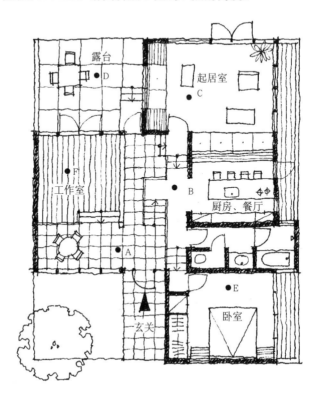

问题 5

下图 ❶ 至 ❽ 所示楼梯平面图的标记中，有攀登不上去的楼梯、不可能实现的楼梯和错误的标识，请回答分别是哪些？

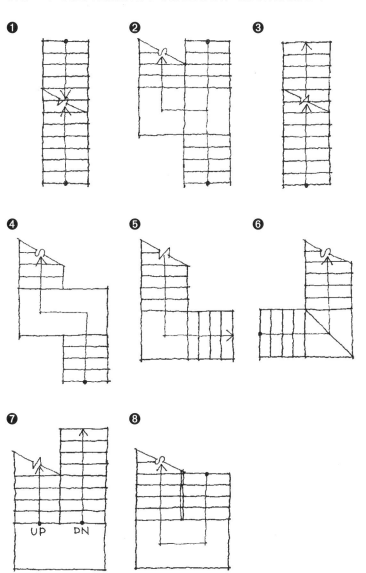

❶

❷

❸

❹

❺

❻

❼

❽

问题 6

按照范例所示，请画下面 ❶ 至 ❺ 的楼梯平面图的轴侧图或者示意图。把楼梯的高低差表现出来即可。

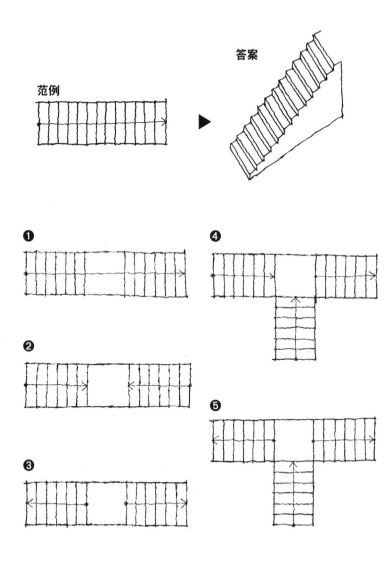

问题 7

按照范例所示，在图 ❶ 至 ❾ 的栅格中设计楼梯。→方向为楼梯起点，→方向为楼梯终点。虚线是分割好的小正方形，请设计踏步数在 5 以内。

范例   答案

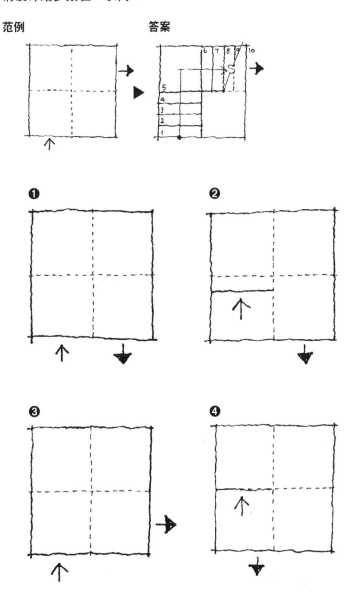

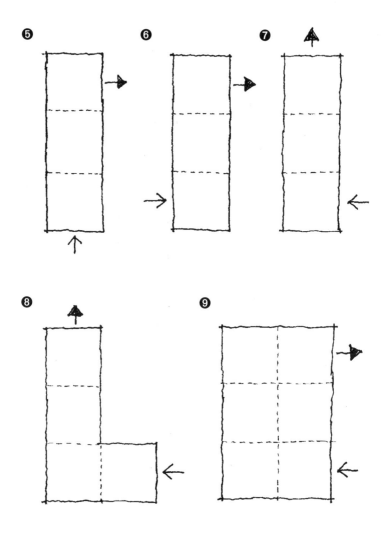

问题 8

　　请看下面的平面图和透视图，回答 ❶ 至 ❸ 的剖面图是指平面图中哪个部分？

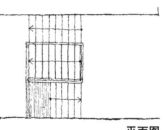

平面图

透视图

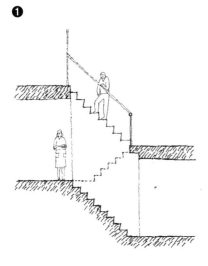

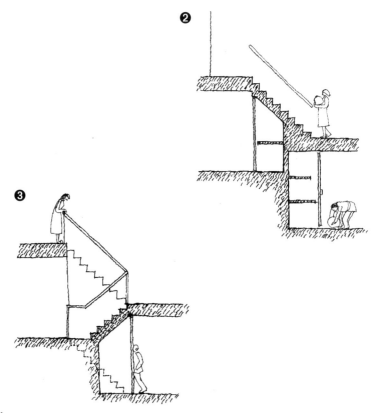

144

问题 9

参考**问题** 8 的透视图，填下面 ❶ 至 ❹ 平面图的楼层的层数。

❶

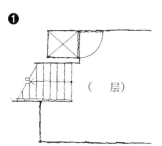

（　　层）

❷

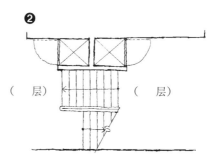

（　　层）　　　　　（　　层）

❸

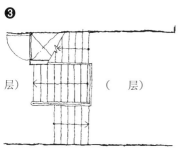

层）　　（　　层）

❹

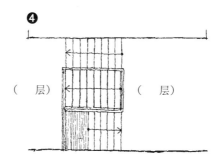

（　　层）　　　　　（　　层）

问题 10

从以下三款楼梯中，选择适合下图平面图的天井处的楼梯。

❶ 直跑式楼梯

❷ 回转楼梯

❸ 折角楼梯

二层平面图

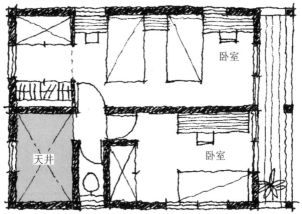

一层平面图

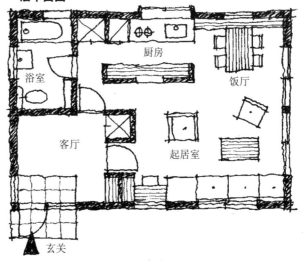

问题 11

　　如图所示是一套二层楼的住宅。请画上楼梯并完成平面图和剖面图。请自由选择楼梯。

　　提示：请注意人的高度和梁的高度。

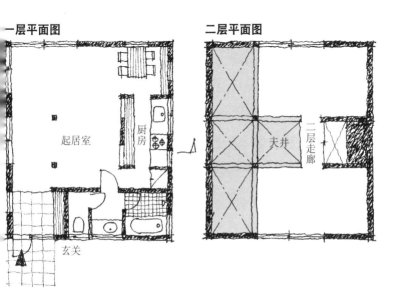

一层平面图　　　　　　　　　　　　**二层平面图**

起居室　　厨房

玄关

天井　　二层走廊

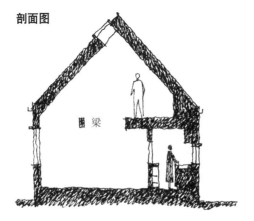

剖面图

梁

问题 12

　　如图所示异形平面二楼狭小住宅，请在天井处设计楼梯。剖（□
页）的楼梯高度 2700 mm，B（150 页）为 3600 mm。A 和 B 都是
是 225 mm，踏面宽度 225 mm。

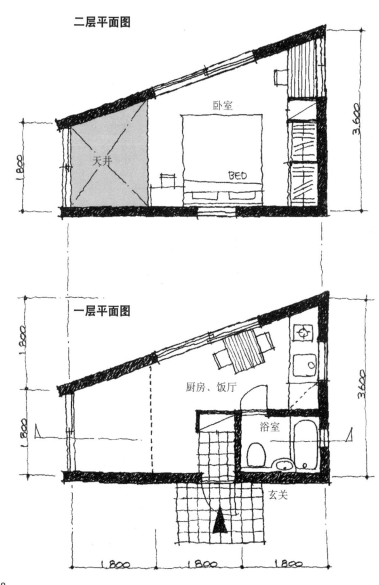

二层平面图

天井

卧室

BED

一层平面图

厨房、饭厅

浴室

玄关

剖面图 A（楼梯高度 2700 mm）

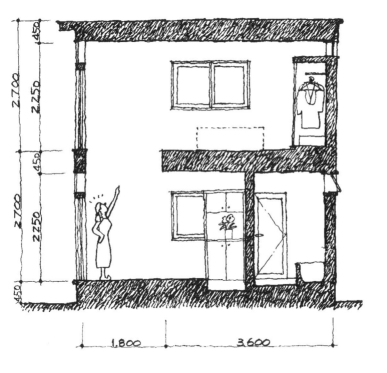

剖面图 B（楼梯高度 3600 mm）

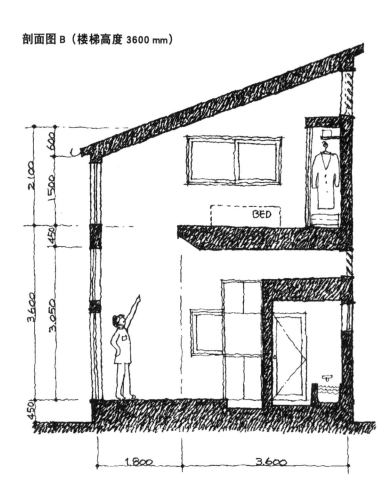

BED

答案 1

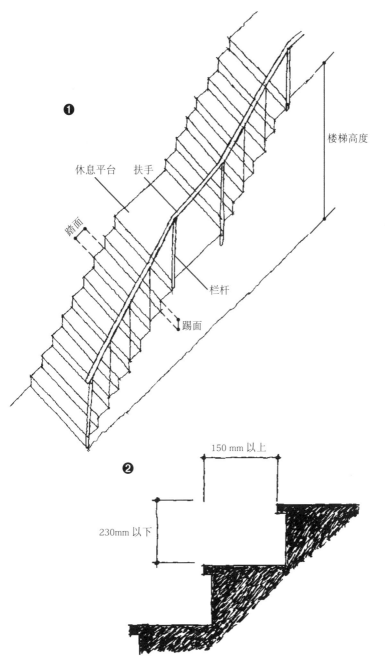

❶

休息平台　扶手

踏面

楼梯高度

栏杆

踢面

❷

150 mm 以上

230mm 以下

答案 2

❶

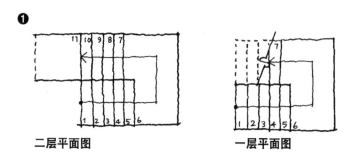

二层平面图   一层平面图

❷

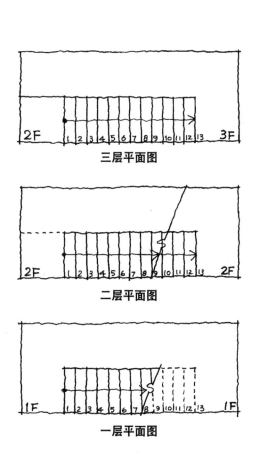

三层平面图

二层平面图

一层平面图

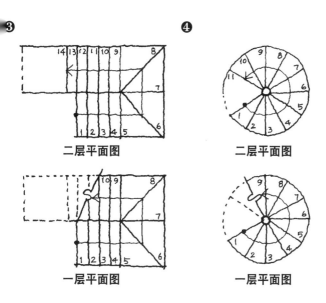

❸

14 13 12 11 10 9 8

7

1 2 3 4 5 6

二层平面图

10 9 8

7

1 2 3 4 5 6

一层平面图

❹

10 9 8
11 7
6
1 5
2 3 4

二层平面图

9 8
7
6
1 5
2 3 4

一层平面图

答案 3

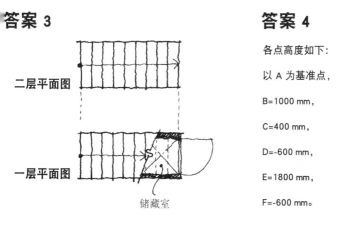

二层平面图

一层平面图

储藏室

答案 4

各点高度如下：

以 A 为基准点，

B=1000 mm，

C=400 mm，

D=-600 mm，

E=1800 mm，

F=-600 mm。

答案 5

各个楼梯的轴侧图如下。不可能实现的楼梯标：×，正确的楼梯标：○。图 ❼ 在立体上是可以实现的，但是图面上表示的"UP"和"DN"是过去的标识，现在已经不使用了，所以画△。

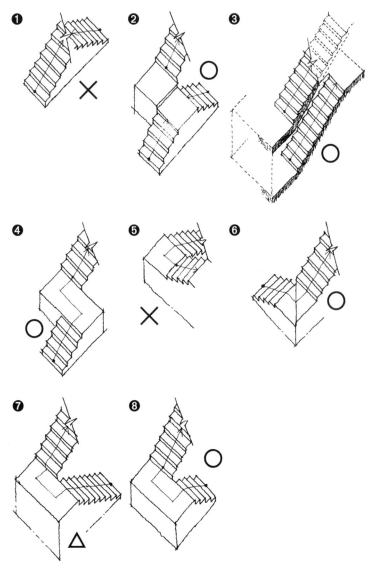

答案 6

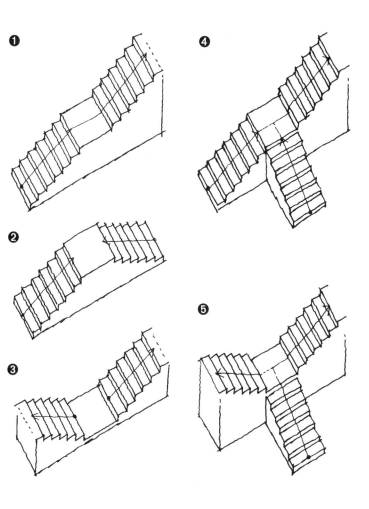

❶

❷

❸

❹

❺

答案 7

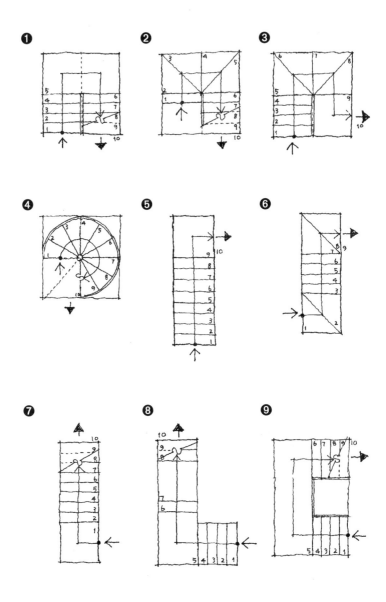

答案 8

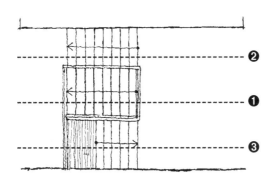

答案 9

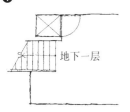

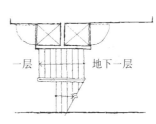

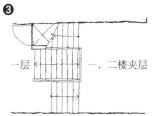

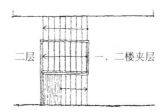

答案 10

所有选项里，直跑式楼梯是攀登不上去的，因为二楼的楼板挡着出口；折角楼梯设置在玄关客厅是不可能实现的；所以只有 ❸ 的回转楼梯是正确的。

二层平面图

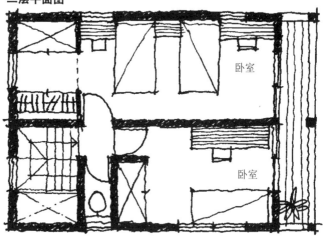

卧室

卧室

一层平面图

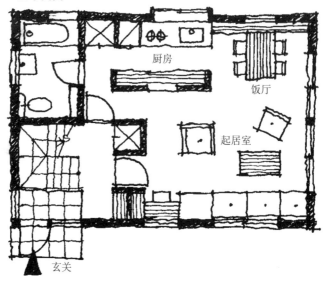

厨房

饭厅

起居室

玄关

答案 11

一层平面图

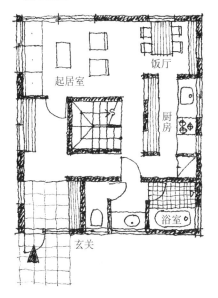

二层平面图

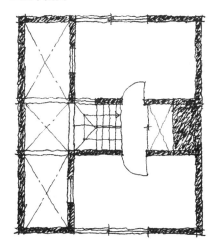

如左下图所示，如果从 A 到 B 放置楼梯，梁会碰着头。从人的身高考虑，不可能放置楼梯。从没有梁的方向（从 C 到 D）考虑放置楼梯，由于二楼没有楼板，没有放置楼梯的条件。所以结果应为 159 页的平面图所示，在梁的内部设计回转楼梯或螺旋楼梯。

剖面图

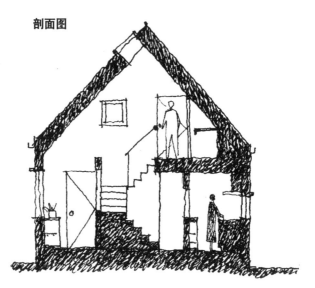

从 A 到 B 设置楼梯，梁会碰着头。

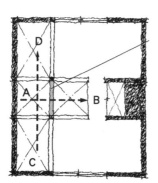

从 C 到 D 没有梁，但是挑高的空间，没有楼板，没有搭设楼梯的条件

解说图

答案 12

楼梯高度为 2700 mm 时:

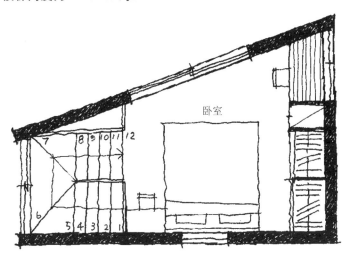

二层平面图

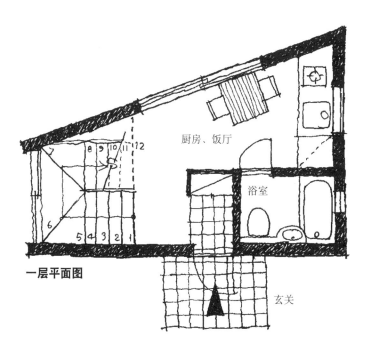

一层平面图

楼梯高度 2700 mm，踢面 225 mm，踏步数 2700÷225=12，也就是说上十二级楼梯可到达终点。天井进深 1800 mm，踏面宽度为 225 mm，1800÷225=8，也就是说到达终点需要四步。如 161 页平面图所示，上四级，经三级回转，再上五级可上楼。

剖面图

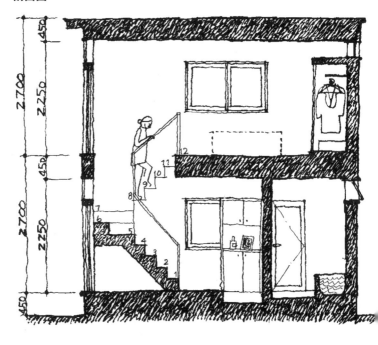

楼梯高度为 3600 mm 时：

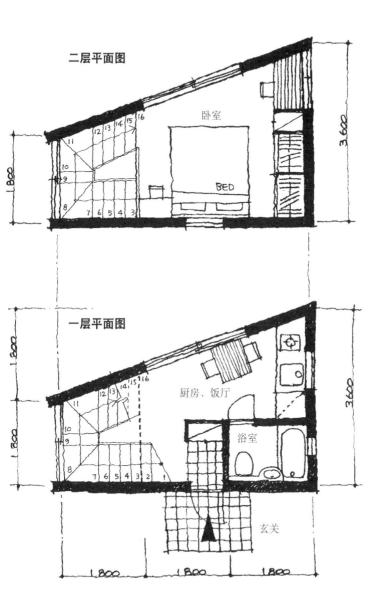

二层平面图

卧室

BED

一层平面图

厨房、饭厅

浴室

玄关

163

与楼梯高度为 2700 mm 时一样，3600÷225=16，攀登十六层台阶到达终点。如右图所示，楼梯高度 16 等分，留出转角空间，从上面开始画楼梯。

剖面图（绘制中）

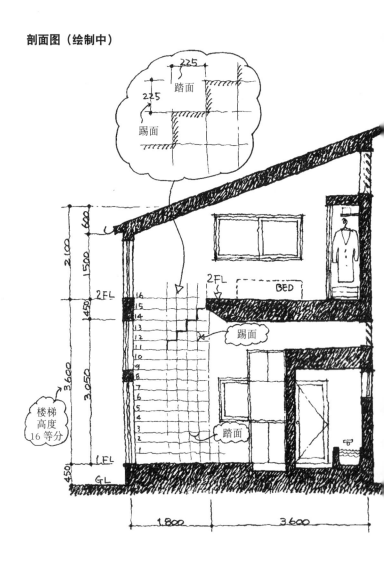

绘制完成的剖面图。检查中途会不会碰脑袋。

剖面图（完成）

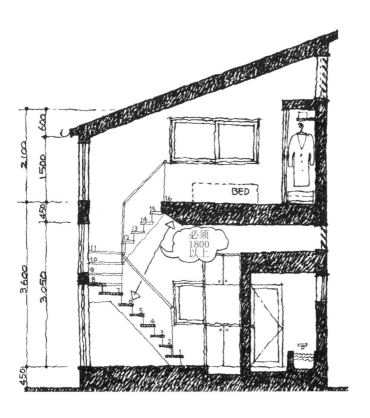

必须
1800
以上

BED

结束语

本书最初的创作动机，是因为一位日本国立大学建筑学科的女性编辑，从入学开始就不擅长设计楼梯，所有作业都设计成平房，4 年大学生活在痛苦中度过。

听完这位女性编辑的故事，深感到她对设计楼梯有多么的无奈。为了让她能够对楼梯有一点了解，我们画出图纸、制作模型、最大可能地使文字通俗易懂，从楼梯的形状、制图方法到设计都进行了最为详细的解释。

经过这位女士的同意促成了本书的出版，相信它绝对可以成为一本针对楼梯的专业解说书。

本书为刚刚涉足建筑专业的人士，用课堂上学生出错的实例对容易误解的地方、容易犯错误的地方进行了解释，并加以修改，对楼梯的表现手法、设计方法和楼梯的种类等等都做了极为详细的介绍。在此，对提供素材的同学们表示感谢。另外，对彰国出版社的後藤武社长、尾关惠编辑的理解和帮助，以及为本书的出版所做的诸多努力，表示最为诚挚的谢意。

2010 年 4 月　中山繁信、长冲　充

作者简介

中山繁信

生于栃木县。

1971年，日本法政大学大学院工学研究科建设工学修士课程结业。

曾在日本宫胁檀建筑研究室、日本工学院大学伊藤贞二研究室担任助手，之后成立了中山繁信设计室。

目前是TESS计划研究所主要负责人，日本工学院大学建筑学科教授（2001～2010年），日本大学生产工学部不定期出勤讲师，LLP软联合会会员。

主要著作

《简单的效果图验证》（彰国社出版）

《建筑设计练习》（彰国社出版）

《现代生活〈境内空间〉的再发现—探索城市魅力》（彰国社出版）

《练习审美、练习手-宫协檀住宅设计》（合著 彰国社）

《世界的缓慢房屋探险队—日本 探寻世界〈没有建筑师的住宅〉》

《住宅礼节—设计手法与舒适生活》（学艺出版社）

《实测术—实地调查解读城市、学习建筑》（编、合著，学艺出版社）

主要建筑作品

"橘子与谷物"

"川治温泉候车室"

"淡交白屋"

"须和田的住宅"

"银领白屋"

"四谷见附派出所"

"KAOK 八岳"等

长冲　充

1968年　东京都出生

1989年　日本工学院大学专门学校建筑学科毕业

1994年　东京理科大学第二工学部建筑学科毕业

1997年　东京艺术大学大学院美术研究科建筑专业修士毕业

1997年　小川建筑工房

2001年　TESS计划研究所

2005年　成立长冲充建筑设计室

现在都立品川职业训练学校不定期出勤讲师

LLP软联合会会员

主要著作

《轻松学建筑制图 平立剖到效果图、展示图》

《世界最简易的环保住宅（世界最简易住宅系列29）》

《建筑家的名言》

主要建筑作品

"管生的住宅"

"追兵的住宅"

"代代木上原的住宅"

"平塚的住宅"

"北池袋的住宅"等等

图书在版编目（CIP）数据

上下的美学 : 楼梯设计的9个法则 / （日）中山繁信，
（日）长冲充著；凤凰空间·北京译. -- 南京 : 江苏凤
凰科学技术出版社，2014.9
ISBN 978-7-5537-3702-7

Ⅰ. ①上… Ⅱ. ①中… ②长… ③凤… Ⅲ. ①楼梯—
建筑设计 Ⅳ. ①TU229

中国版本图书馆CIP数据核字(2014)第195716号

KAIDAN GA WAKARU HON
by Shigenobu Nakayama & Mitsuru Nagaoki
Copyright ©2010 Shigenobu Nakayama & Mitsuru Nagaoki
All rights reserved.
Originally published in Japan by SHOKOKUSHA Publishing Co., Ltd., Tokyo.
Chinese (in simplified character only) translation rights arranged with
SHOKOKUSHA Publishing Co., Ltd., Japan
through THE SAKAI AGENCY and BARDON-CHINESE MEDIA AGENCY.
版权合同：江苏省版权局著作权合同登记图字：10－2014－141

上下的美学——楼梯设计的9个法则

著　　　者	[日]中山繁信　长冲 充
译　　　者	凤凰空间·北京
项 目 策 划	凤凰空间·北京
责 任 编 辑	刘屹立
特 约 编 辑	张伟怡
出 版 发 行	凤凰出版传媒股份有限公司
	江苏凤凰科学技术出版社
出版社地址	南京市湖南路1号A楼，邮编：210009
出版社网址	http://www.pspress.cn
总 经 销	天津凤凰空间文化传媒有限公司
总经销网址	http://www.ifengspace.cn
经　　　销	全国新华书店
印　　　刷	北京市十月印刷有限公司
开　　　本	889 mm×1 194 mm　1/32
印　　　张	5.25
字　　　数	84 000
版　　　次	2014年9月第1版
印　　　次	2017年2月第3次印刷
标 准 书 号	ISBN 978-7-5537-3702-7
定　　　价	39.80 元

图书如有印装质量问题，可随时向销售部调换（电话：022-87893668）。